Presentación del Circuito de Climatización

Componentes del Circuito de A/C

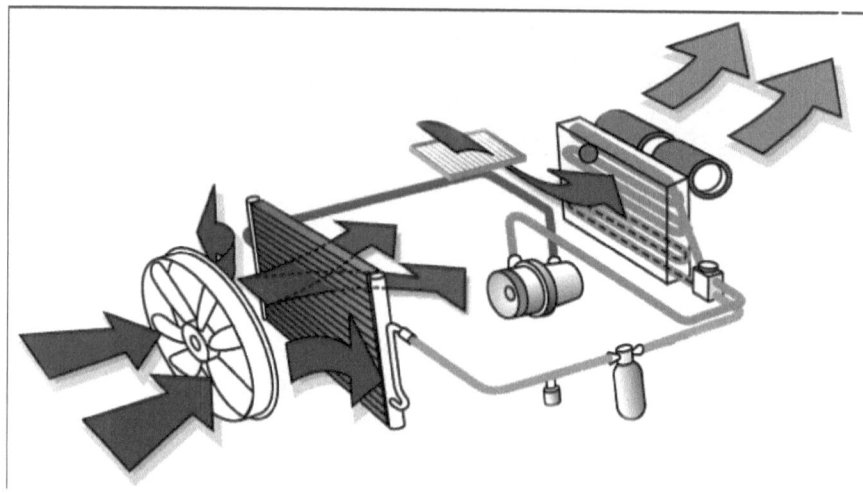

Circuito de A/C : funcionamiento

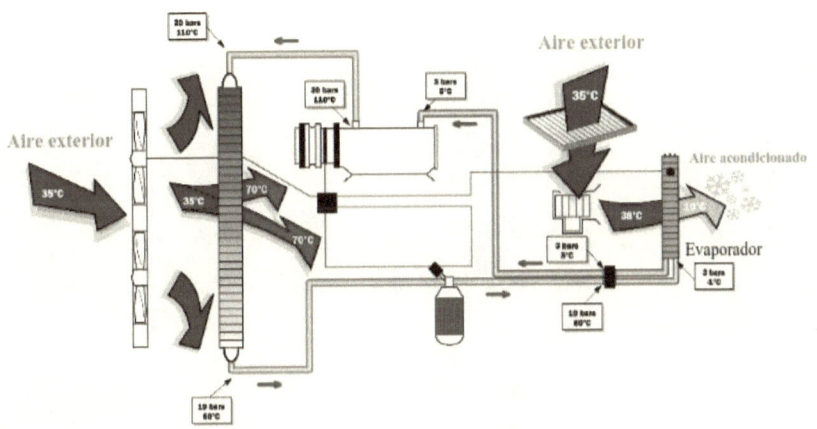

Noción de confort térmico

Fuentes de calor

Temperatura de confort

Ambiente frío	Ambiente templado	Ambiente caluroso
El cuerpo cede calorías	El cuerpo se encuentra en estado de equilibrio	El cuerpo no puede ceder calorías
20°C		28°C

¿ Qué es la higrometría ?

La higrometría es la relación entre:

- la cantidad de agua contenida en el aire y

- la cantidad máxima que podría contener *

* en las mismas condiciones de presión y temperatura.

Zona de Confort

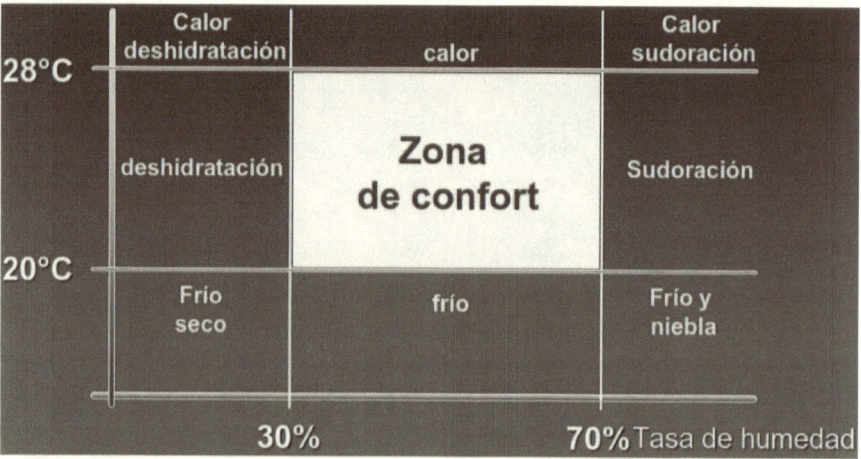

Intercambios térmicos

El calor va del foco más caliente al más frío

Por ejemplo, en un circuito de refrigeración motor,$^{Cap\ 3}$

- el motor cede calor al líquido que esta más frío

- el líquido cede calor al aire que atraviesa el radiador

```
RADIADOR    ────BOMBA───→           CALOR
            ←─────────────          ←────
            CIRCUITO DE LÍQUIDO     MOTOR
            DE REFRIGERACIÓN
```

Intercambios térmicos

Cuando 2 cuerpos o fluidos entran en contacto, el calor va siempre del más caliente al más frío

Uno se refrigera y el otro se calienta hasta que se igualan las temperaturas: la temperatura de equilibrio.

En equilibrio térmico, la temperatura de 2 cuerpos es idéntica.

Calor sensible

Es la cantidad de calor que hay que aportar a un cuerpo para elevar su temperatura sin que cambie de estado.

Ejemplo : en una cacerola de agua al fuego, es la cantidad de calor para que la temperatura del agua pase de 20° a 100°C.

Absorción de calor sensible

Calor latente

Es la cantidad de energía que hay que suministrar a un cuerpo para que cambie de estado.
(ejemplo : paso de fase líquida a fase gaseosa)

- el agua hierve a 100°C,
- en ese punto, la temperatura no aumenta a pesar de la aportación de calor,
- ese calor sirve para provocar el cambio de estado (fase líquida - fase gaseosa)

Absorción de calor latente

Cambio de estado del agua de la fase líquida a la fase gaseosa

- A 100°C, líquido y vapor coexisten : el fluido se denomina difásico.

- Si se continua calentando, el vapor de agua continua absorbiendo energía para elevar su temperatura por encima de 100°C.

- Esta elevación de temperatura se denomina calor sensible.

Cambio de estado del agua de la fase líquida a la fase gaseosa

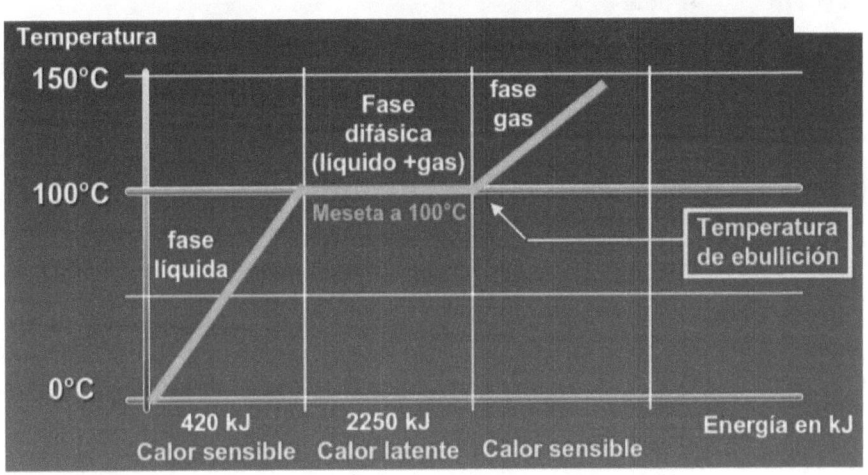

Cambio de estado del agua de la fase líquida a la fase gaseosa

La cantidad de calor que hay que aportar a 1 Kg. de agua para que se vaporice por completo es el calor latente de vaporización.

Este fenómeno de meseta se constata si :

- se condensa el vapor
- se funde un sólido
- se solidifica un líquido

Cambio de estado

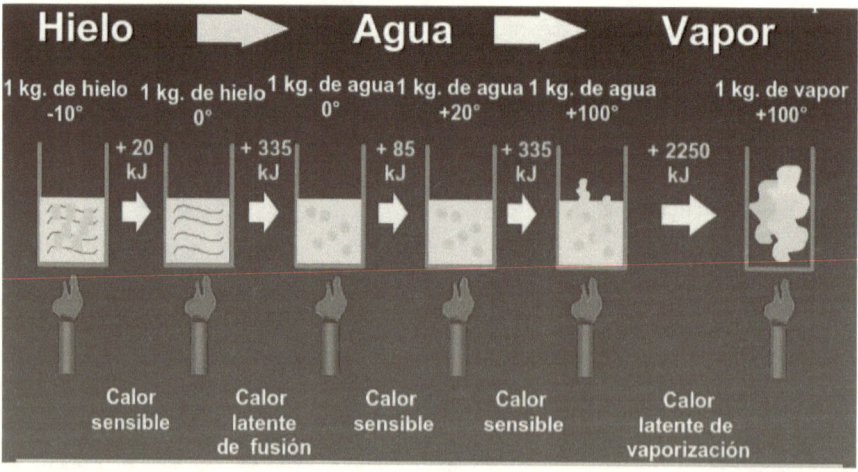

Principios de Termodinámica

Entalpía

La noción más utilizada en Climatización es la entalpía, es decir, la energía contenida en un cuerpo en la unidad de masa.

entalpía en J/kg.
volumen en m³
$$H = U + P \times V$$
energía interna en julios (J)
presión absoluta en bar (b)

Si un compresor proporciona 1 julio de trabajo mecánico a 1Kg de fluido que comprime, su entalpía aumenta en 1J/kg.

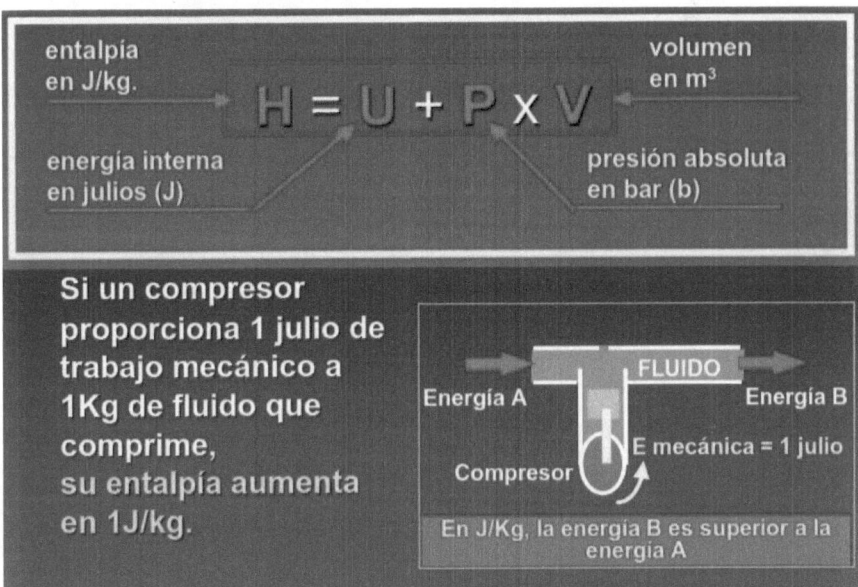

Energía A — FLUIDO — Energía B
E mecánica = 1 julio
Compresor
En J/Kg, la energía B es superior a la energía A

Intercambio térmico, trabajo mecánico, compresión, entalpía : una correlación fundamental en climatización

Volumen del fluido

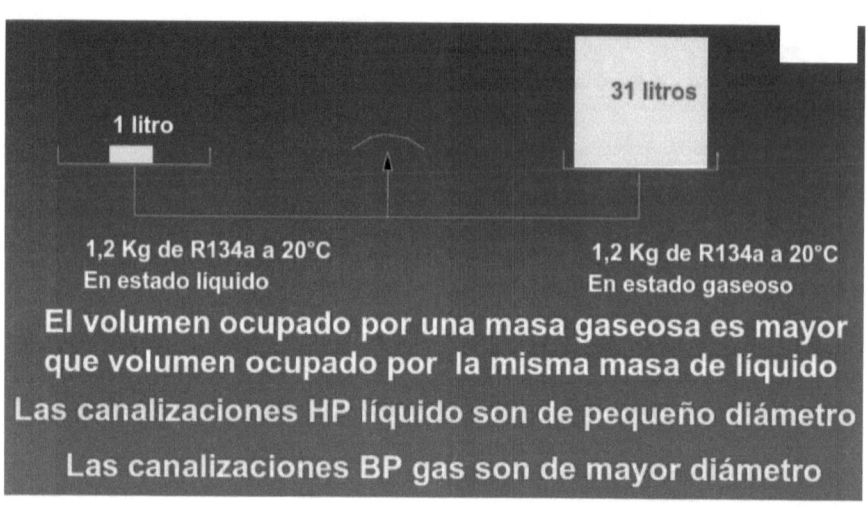

El vacío hace hervir el agua

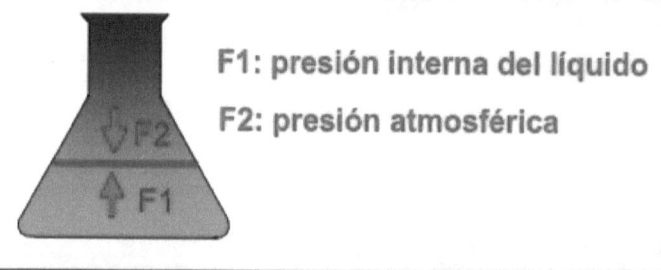

F1: presión interna del líquido
F2: presión atmosférica

la superficie del agua está sometida a dos fuerzas que actúan en sentido inverso

El agua hierve si F1 es superior a F2

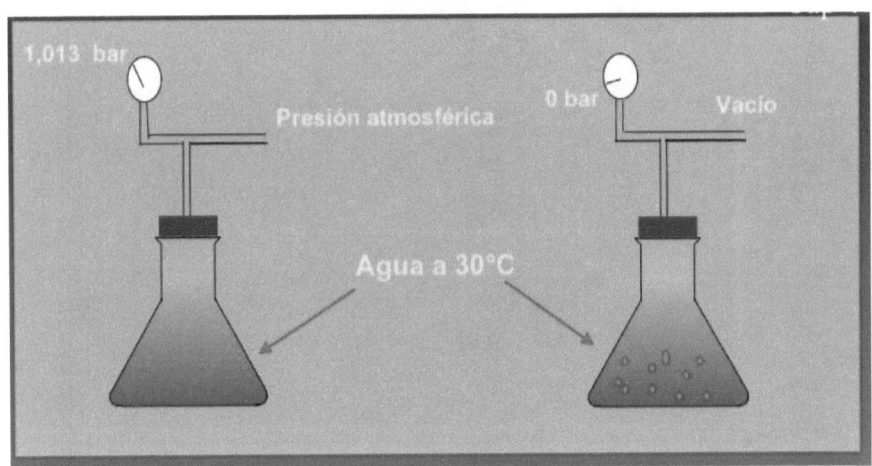

Diagrama de Mollier

Este diagrama relaciona la presión, la temperatura, las variaciones de calor y el estado del fluido.

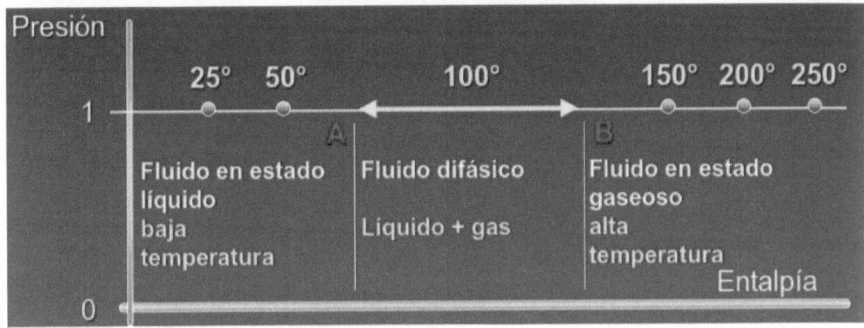

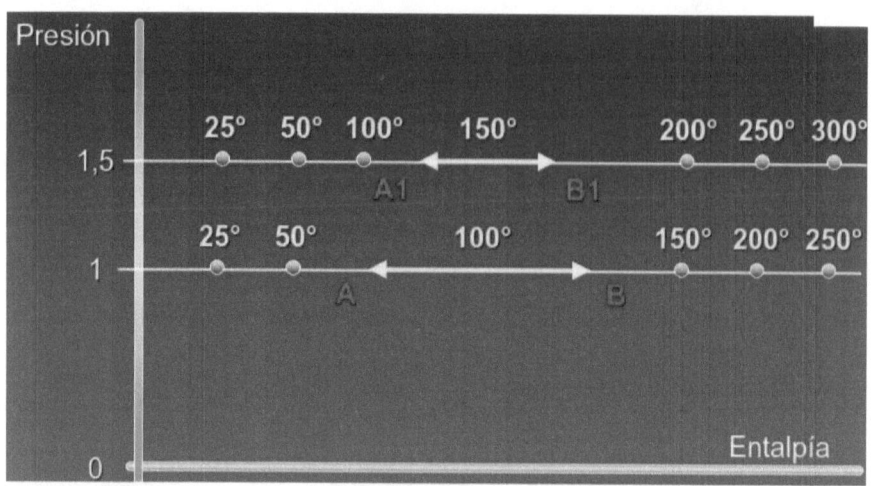

La longitud de la zona de vaporización depende de la presión.

A cada presión corresponden unas temperaturas para antes y después de la vaporización

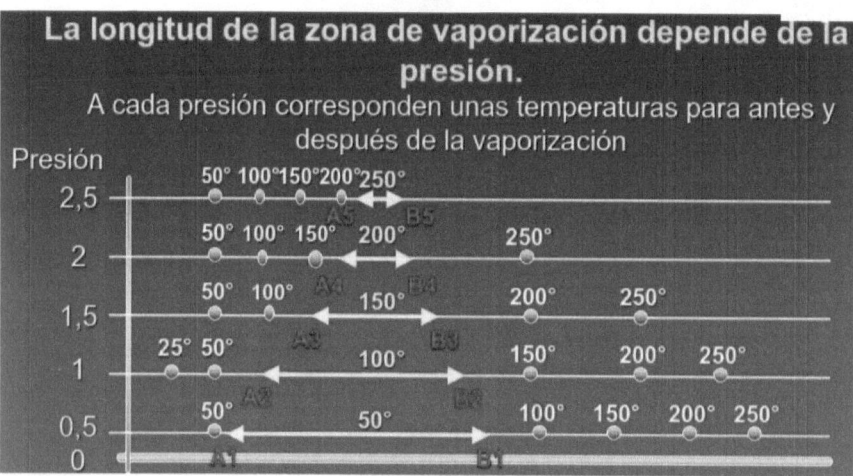

La unión de los puntos de igual temperatura forma la red de curvas de temperatura.

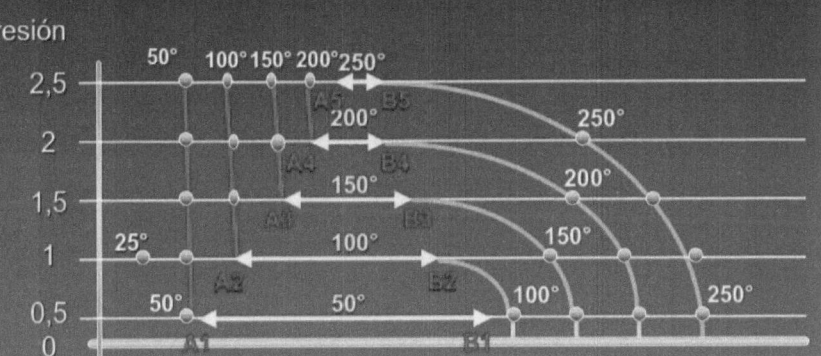

Cada segmento AB, A1B1, A2B2,...indica los límites de la fase gaseosa y de la fase líquida.

Uniendo los extremos de cada segmento se obtiene la curva que delimita los diferentes estados

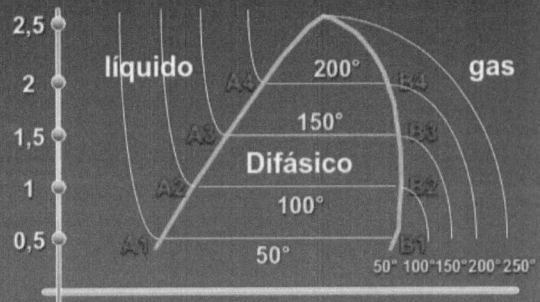

La presión a partir de la cual no es posible licuar un gas se denomina: Presión crítica

La temperatura (TC) correspondiente a esta presión es el vértice de la campana

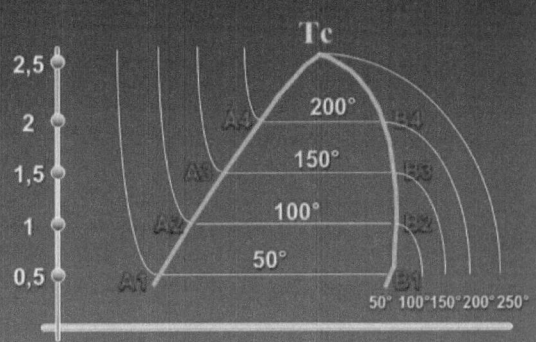

Ciclo teórico del agua

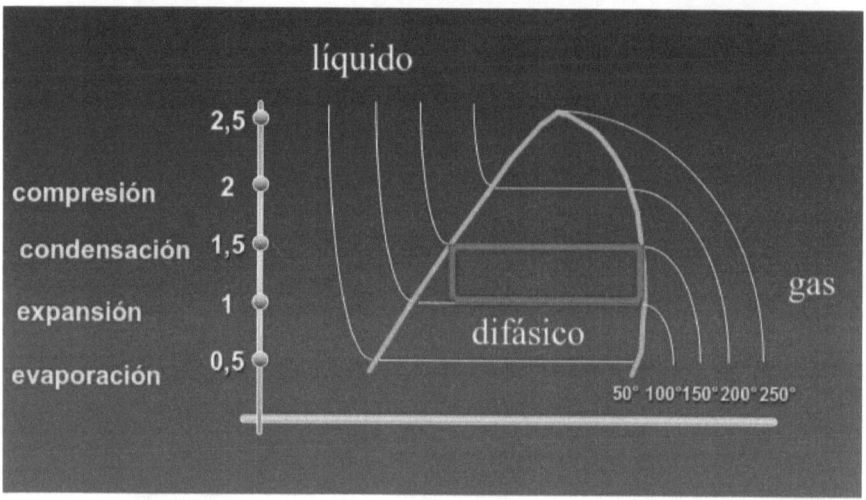

Fluidos frigoríficos

- Todo fluido absorbe calor

- Los fluidos frigoríficos se utilizan en climatización por su gran capacidad de absorción de calor.

De esta forma se puede refrigerar el aire exterior.

Curva de cambio de estado

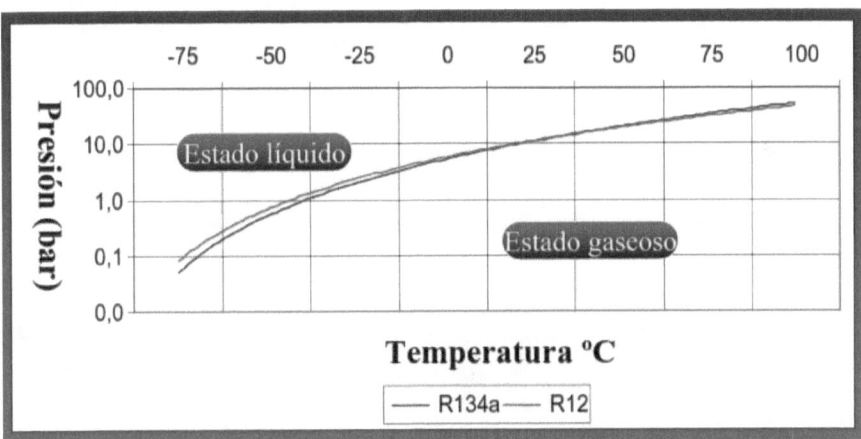

Fluido R12

El R12 o diclorofluorometano forma parte de la familia de los clorofluorocarbonos (CFC)

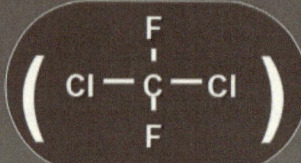

Características del R12

Este fluido se ha utilizado durante muchos años en la climatización de automóviles, debido a sus numerosas cualidades:

- Es miscible con otros componentes químicos (aceites)
- Su calor de evaporación es elevado
- Cambia de estado a presiones bajas
- Su temperatura de evaporación es apropiada a la climatización

Cese de la producción de R12

... Sus defectos hacen que sea eliminado de los circuitos de climatización :

- Deteriora fuertemente la capa de Ozono

- Por encima de 150°C, se transforma en un gas mortal (gas mostaza).

Fluido R134a

El R134a o tetrafluoroetano forma parte de la familia de los hidrofluorocarbonos (HFC)

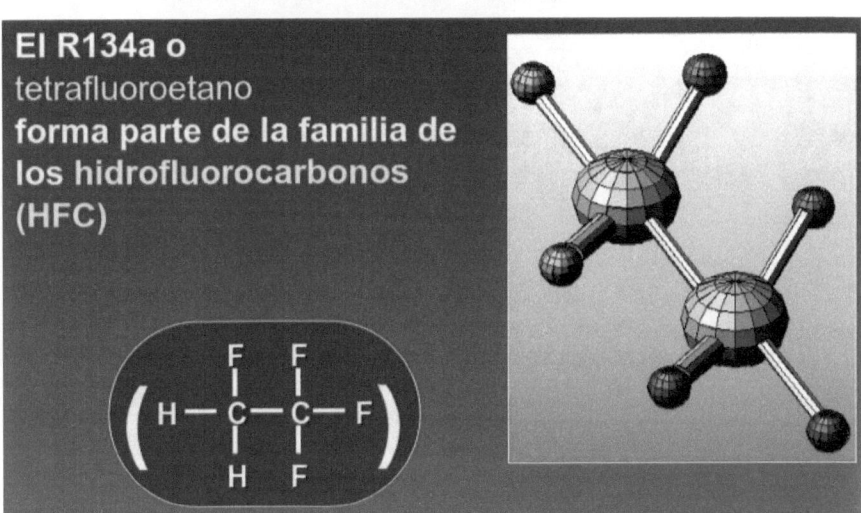

Características del R134a

Este fluido tiene prácticamente las mismas ventajas termodinámicas que el R12, pero no destruye la capa de Ozono.

- Es miscible con otros componentes químicos (aceites)
- Su calor de evaporación es elevado
- Cambia de estado a presiones bajas
- Su temperatura de evaporación es apropiada a la climatización

Comparación R12 / R134a

El R12 y el R134a son incompatibles entre sí, por lo que no deben nunca ser mezclados.

- En presencia de agua, **ambos son corrosivos** aunque para diferentes materiales
- Los aceites son **específicos** para cada fluido
- El tamaño de la molécula de R134a es **más pequeño**

Año	CFC: Ejemplo R12	HCFC: Ejemplo D124	HFC: Ejemplo R134a
Fin 1994	Fin de la producción		
1998			Obligatoriedad de la recuperación del 100% de los fluidos para instalaciones >2 kg
2000	Prohibición de la comercialización en postventa	Congelación de la producción al nivel de 1997	Obligatoriedad de la recuperación del 100% de los fluidos para instalaciones >0.5 kg
2001	Prohibición de la utilización en postventa	Reducción de la puesta en mercado al nivel de 1989	
2004		Descenso de un 70 % de la producción	
2010		Prohibición de la utilización en postventa	

Aceites

Función de los aceites

- Lubrificar las piezas en movimiento
- Refrigerar el compresor
- Reforzar la estanqueidad de los componentes
- Evacuar las impurezas

Existen 2 tipos de aceites

- **Aceites minerales :**
  Son aceites parafínicos o nafténicos.

  Se utilizan solamente con el R12

- **Aceites sintéticos :**
  son aceites **polialquilen glicol (PAG)** o éster.

  Se utilizan fundamentalmente con el R134a

No se debe **JAMÁS** mezclar los aceites

Características de los aceites

Los aceites son hidrófilos :

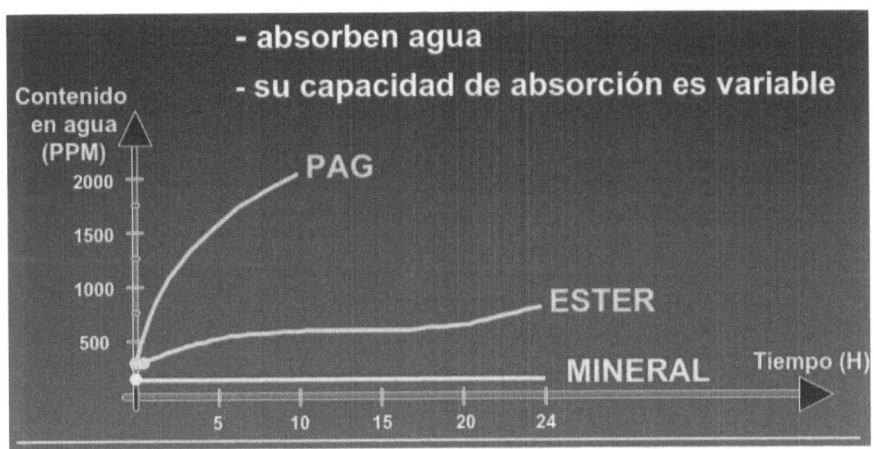

Aceite sintético PAG

(Polialquilen glicol)

- es uno de los componentes del líquido de frenos
- tiene un buen índice de viscosidad
- es compatible con el R134a
- es muy higroscópico
- es agresivo con los metales, elastómeros y plásticos en presencia de agua.

Aceite sintético ESTER

- se utiliza como lubricante de los compresores de aire
- tiene una excelente capacidad lubricante
- tiene un buen índice de viscosidad
- es compatible con el R134a y el R12
- tiene una higroscopía media
- no es recomendable su uso con R134a
- se utiliza principalmente en la reconversión de circuitos

Aceite mineral

- es compatible con el R12
- tiene una excelente capacidad lubricante
- tiene un buen índice de viscosidad
- tiene una higroscopía muy débil
- bajo ningún concepto se debe utilizar con el R134a

Aire Acondicionado y efectos medioambientales

Efectos medioambientales

• Los fluidos CFC (R12) provocan la destrucción de la capa de Ozono
La molécula de Cloro contenida en estos fluidos, reacciona con la molécula de Ozono en las capas altas de la Atmósfera.

La capa de Ozono es un escudo protector contra los rayos ultravioleta procedentes del Sol.

• Los fluidos HFC (R134a) son gases que contribuyen al efecto de invernadero.
Los gases con efecto de invernadero impiden que los rayos del Sol vuelvan a salir de la Atmósfera, contribuyendo al calentamiento del planeta.

Condiciones medioambientales

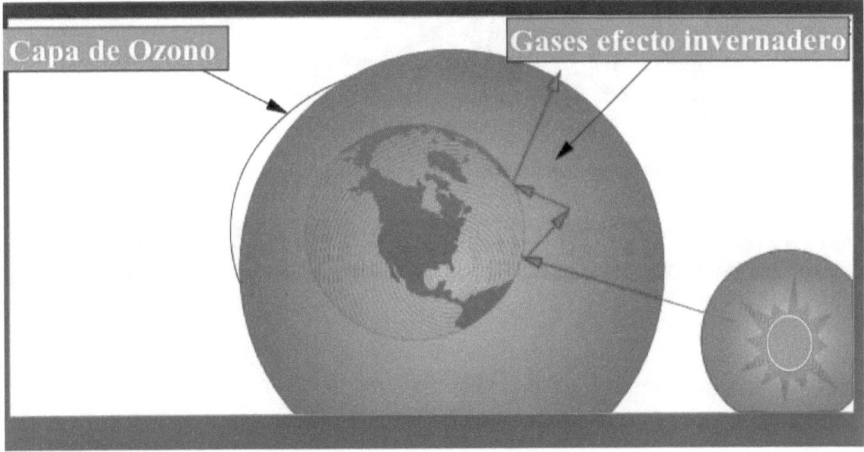

Utilización del diagrama de Mollier en climatización de automóviles

El circuito de A/C : Sistema Completo

Circuito de A/C : Funcionamiento

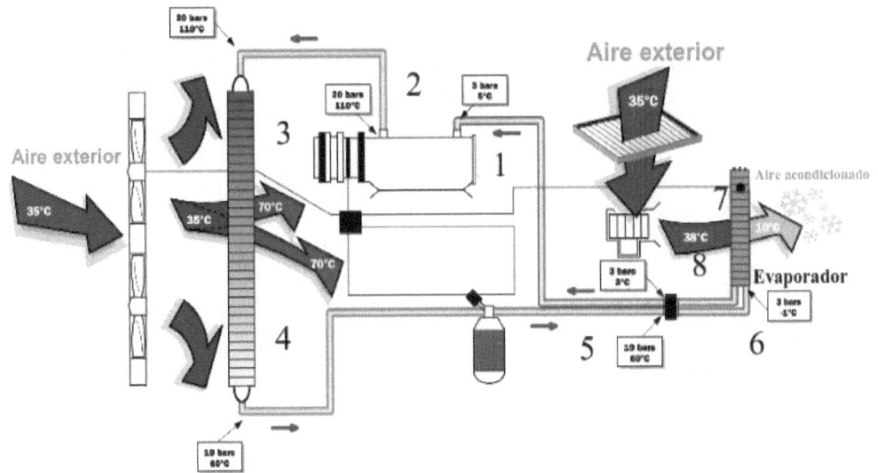

Principio de funcionamiento del ciclo frigorífico

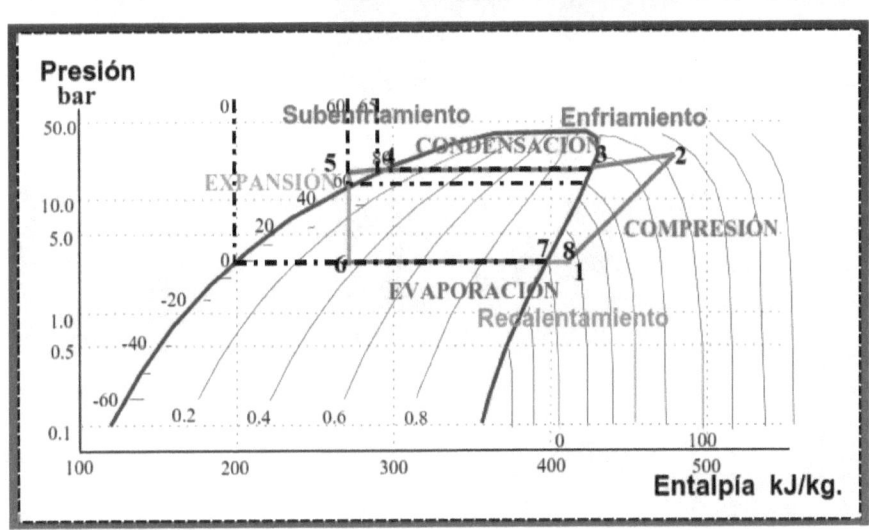

Componentes principales del circuito de climatización

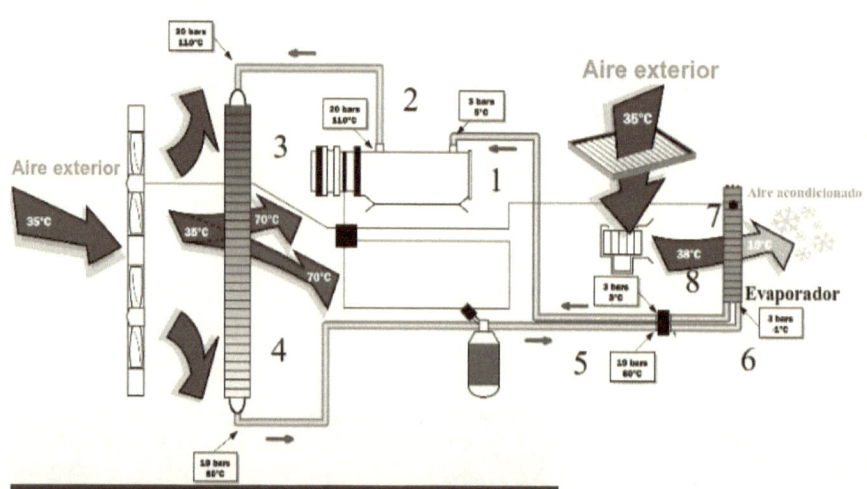

Compresor, La compresión

El compresor se fija directamente sobre el bloque motor.
Es movido por la correa que, en ocasiones, mueve la bomba de líquido refrigerante y el alternador

Función del compresor:

- Asegurar la circulación de fluido frigorífico en la cadena de componentes del circuito de climatización,
- Asegurar la compresión del fluido entre la salida del evaporador y la entrada al condensador.

Tecnologías de compresores para automóviles

- **ALTERNATIVOS :**
  - de pistones sistema biela manivela,
  - de pistones sistema revólver
- **ROTATIVOS :**
  - de paletas
- **PSEUDO ROTATIVOS :**
  - de espiral o « scroll »

Compresor de pistones

Principio de funcionamiento

◆ Transformación de un movimiento de rotación del eje en un movimiento de traslación de los pistones gracias a la acción de un plato oscilante inclinado.

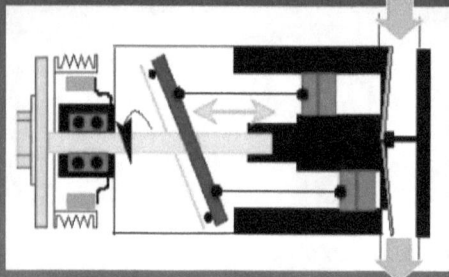 

Compresores de pistones de cilindrada variable

Principio de funcionamiento

◆ La modulación del caudal se lleva a cabo mediante la modificación de la carrera de los pistones al variar la inclinación del plato oscilante.

◆ El ángulo de inclinación depende de la presión en el cárter. Mediante un orificio calibrado, se inyecta constantemente en el cárter una parte del gas comprimido.

◆ Una válvula de control asegura el equilibrio entre las presiones de aspiración, de salida y de cárter, y permite la reinyección a la aspiración de la cantidad de refrigerante sobrante en el cárter, para que el caudal coincida con la demanda frigorífica.

Compresores de pistones de cilindrada variable

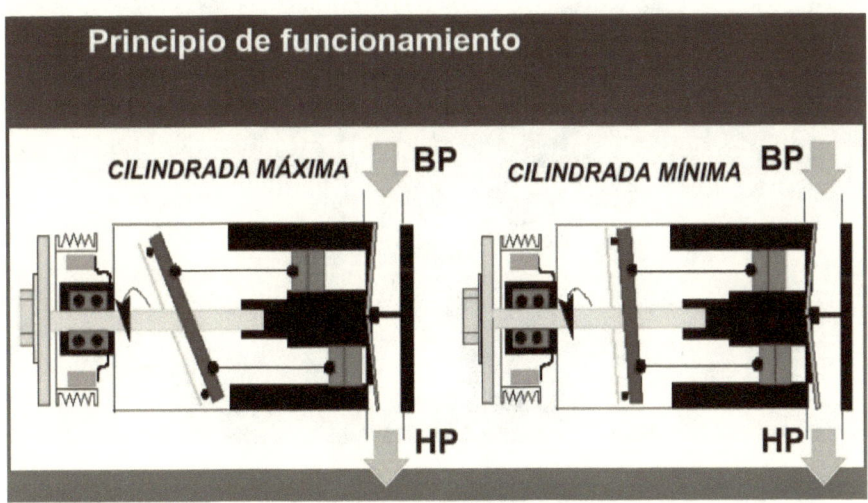

Por qué hacer variar la cilindrada

◆Los sistemas convencionales con compresores de cilindrada fija están dimensionados para las condiciones más severas.

◆En las fases menos críticas (cuando se ha alcanzado el confort en el habitáculo, ...) el sistema está sobredimensionado, lo que ocasiona un funcionamiento secuencial TODO O NADA.

◆ La tecnología de cilindrada variable emplea sofisticaciones mecánicas que permiten disponer de una producción frigorífica que evoluciona progresivamente en función de las necesidades en el habitáculo.

Ventajas de la cilindrada variable

◆ Supresión del funcionamiento cíclico. Tendencia a la supresión de la sonda del evaporador.

◆ Supresión de los «golpes de motor». Reducción de la absorción de par del motor térmico por el funcionamiento cíclico.

◆ Más potencia y menos consumo.

◆ Incremento del confort : Temperatura, caudal e higrometría del aire introducido en el habitáculo constantes.

◆Aumento de la duración de vida del embrague, de las correas de transmisión, ...

Compresor de paletas seiko-seiki

Principio de funcionamiento

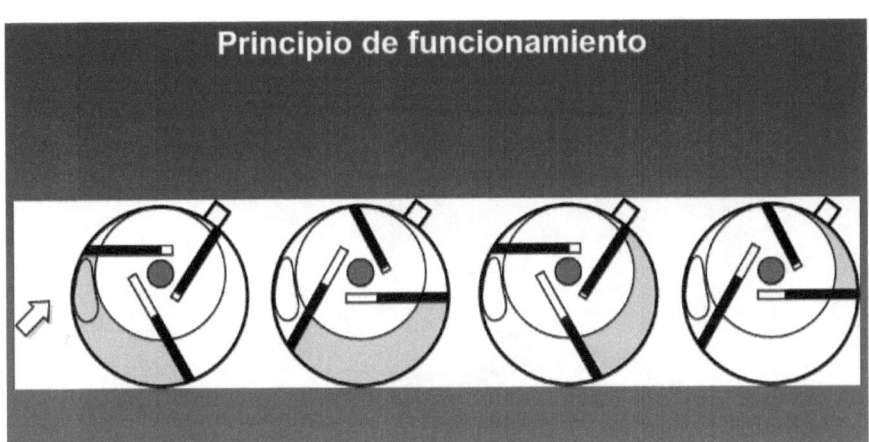

Embrague electromagnético

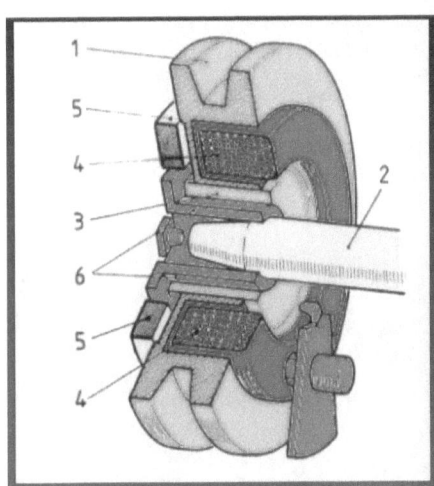

1- Polea de arrastre
2- Eje con plato oscilante
3- Rodillo del cojinete
4- Bobina electromagnética
5- Plato de embrague
6- Pieza de fijación al eje

En el momento de conectarse el equipo se crea un campo magnético debido a la circulación de la corriente eléctrica por la bobina.
La fuerza generada por ésta atrae el disco hacia la polea, venciendo la fuerza de las láminas elásticas, haciendo que el movimiento de ésta se transmita al compresor.
Cuando se han alcanzado en el interior del vehículo las condiciones climáticas requeridas, el termostato que regula la temperatura interior desconecta el compresor.

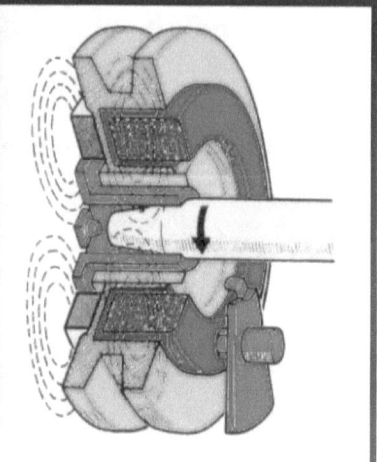

Averías típicas del compresor

- Gripado por falta de engrase
- Gripado por falta de limpieza del circuito
- Fugas a través de las juntas de la culata y retenes
- Deterioro de la placa de válvulas
- Corrosión interna por presencia de humedad en el circuito
- Averías eléctricas del embrague electromagnético
- Rotura interna debida a la presencia de fluido frigorífico en estado líquido

UN PROCESO DE RENOVACIÓN BASADO EN LA CALIDAD (I)

CAMBIO SISTEMÁTICO DE TODAS LAS PIEZAS SUSCEPTIBLES DE SUFRIR DESGASTE POR PIEZAS DE ORIGEN Ó DE CALIDAD EQUIVALENTE A ORIGEN:

- Rodamientos de polea y de palier
- Cojinete de agujas
- Segmentos de pistones
- Juntas: plato distribuidor, árbol, palier, tapón de vaciado
- Junta neutra
- Tapones de admisión y escape

UN PROCESO DE RENOVACIÓN BASADO EN LA CALIDAD (II)

CONTROL UNITARIO DE TODOS LOS COMPRESORES:

- A lo largo de todo el proceso de renovación
  . Por ejemplo: - Control de la bobina tras su renovación
                 - Control de perfil y alabeo de la polea

- Controles finales:
  . Test de funcionalidad: Prueba del compresor en presión
  . Test de fugas: Control de estanqueidad del compresor

UN PROCESO DE RENOVACIÓN BASADO EN LA CALIDAD (III)

VACIADO DE AIRE Y RELLENADO CON UN GAS PROTECTOR CON EL FÍN DE ASEGURAR SU ALMACENAMIENTO A LO LARGO DEL TIEMPO.

UN PROCESO DE RENOVACIÓN BASADO EN LA CALIDAD (IV)

LOS PROCESOS DE RENOVACIÓN SON GARANTIZADOS POR LOS TEST DE RESISTENCIA:

- Reproducimos las condiciones de utilización reales de un compresor en el Circuito.
- Duración: 556 horas divididas por ciclos.
- Cada uno de estos ciclos está caracterizado por una temperatura, una presión y una velocidad de rotación diferentes.
- El Test completo de Resistencia, corresponde a un kilometraje de 80.000 kilómetros y a una velocidad media de 72 km../hora.

Condensador

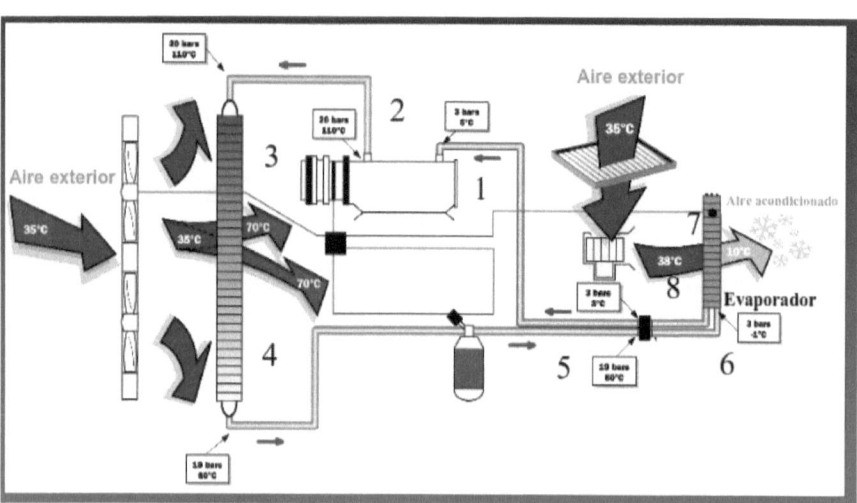

Etapa de condensación

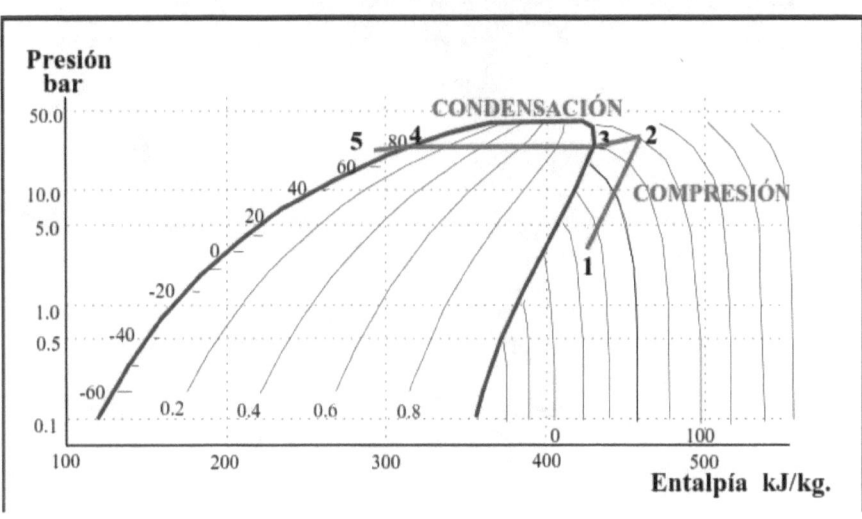

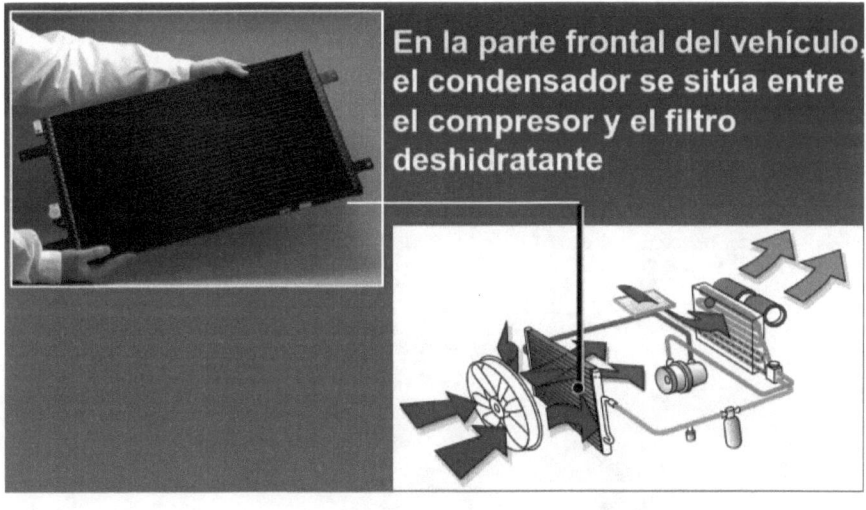

En la parte frontal del vehículo, el condensador se sitúa entre el compresor y el filtro deshidratante

- **El condensador transforma el fluido frigorífico del estado gaseoso al estado líquido**
  - Definición :
    el condensador es un intercambiador de calor en el que el fluido frigorífico se licúa (se condensa), cediendo su calor al flujo de aire que lo atraviesa.
  - Funcionamiento :
    el condensador permite :
    - la transformación del fluido frigorífico del estado gaseoso al estado líquido.
    - la extracción del calor contenido en el fluido frigorífico en estado gaseoso a la salida del compresor.

Condensador
Estado del fluido refrigerante

Posición		Estado	P (bar)	T°C
2	Entrada	Gas	20	110
2 - 3	Enfriamiento	Gas	20-19	110-65
3 - 4	Condensación	Difásico	19	65
4 - 5	Subenfriamiento	Líquido	19	60
5	Salida	Líquido	19	60

Tecnología TI (Tubo/intercalador)

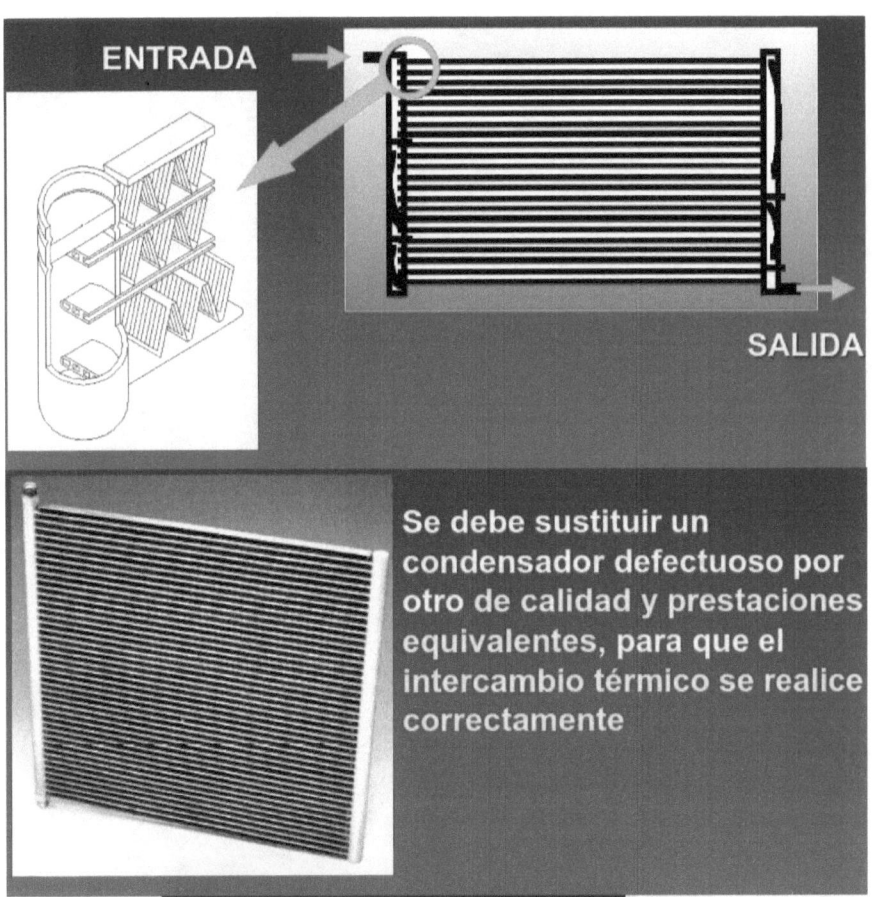

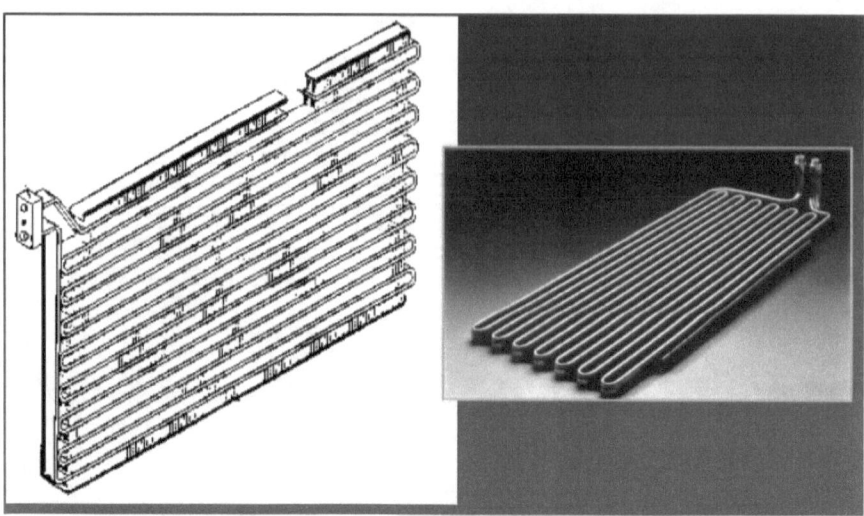

Averías típicas del condensador

• Perforación debido a la presencia de corrosión en la superficie del condensador

• Obturación de las aletas debido a la presencia de cuerpos extraños

• Fugas en los racores de entrada y salida

• Falta de rendimiento por sustitución indebida del condensador específico por un adaptable

Filtro deshidratante

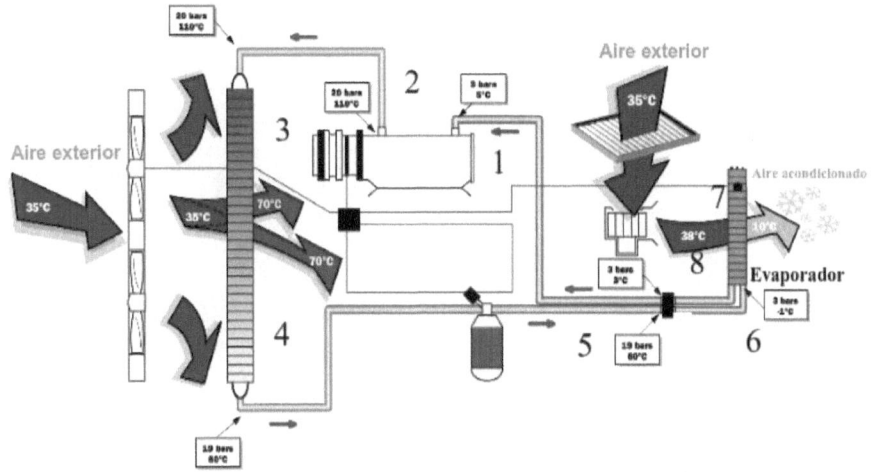

Principio de funcionamiento del circuito de climatización

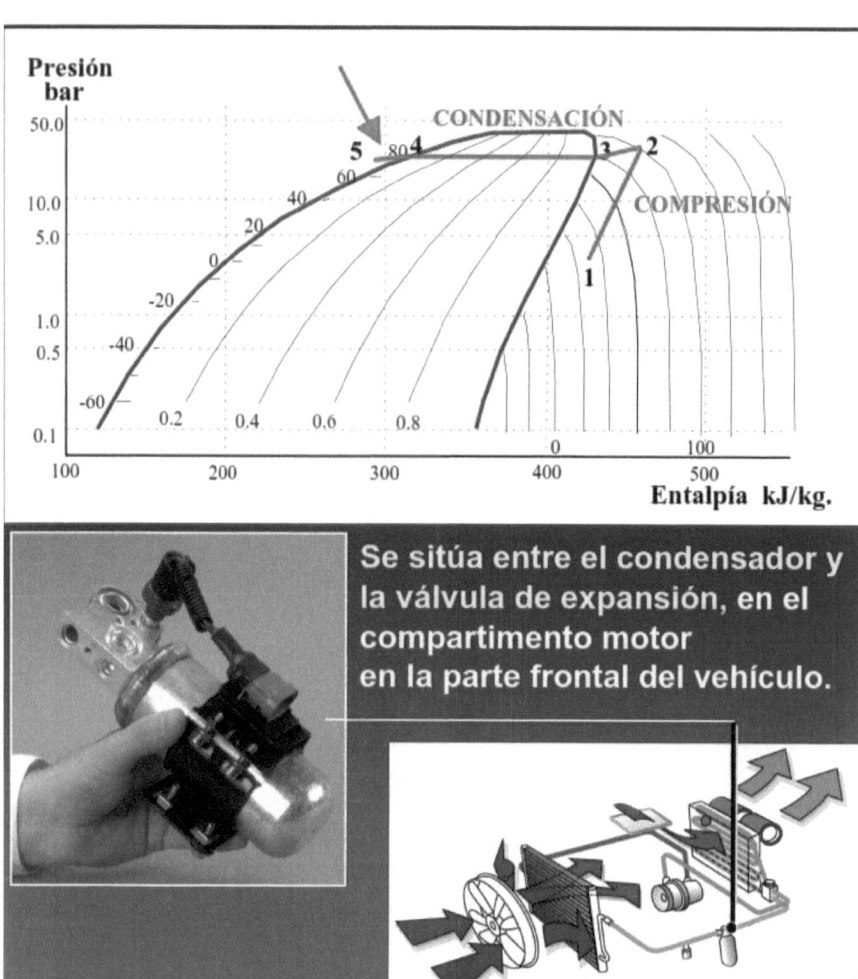

Se sitúa entre el condensador y la válvula de expansión, en el compartimento motor en la parte frontal del vehículo.

- **Función :**
  El filtro deshidratante es un depósito de fluido frigorífico en estado líquido. Contiene además un desecante que sirve para retener el agua que pudiera circular en el circuito de climatización, presenta también filtros para retener posibles impurezas.
- **Consecuencias de no sustituir el filtro deshidratante:**
  - El material desecante se satura de humedad, produciendo una obstrucción en el circuito, provocando una preexpansión: perdida de eficacia del circuito
  - El agua que penetra en el circuito puede reaccionar químicamente con el aceite lubricante, provocando la aparición de ácidos altamente corrosivos: deterioro del compresor y de la válvula de expansión

  ·VALEO RECOMIENDA LA SUSTITUCIÓN DEL FILTRO DESHIDRATANTE CADA DOS AÑOS

  ·TODA REPARACIÓN QUE IMPLIQUE ABRIR EL CIRCUITO OBLIGA A LA SUSTITUCIÓN DEL FILTRO DESHIDRATANTE

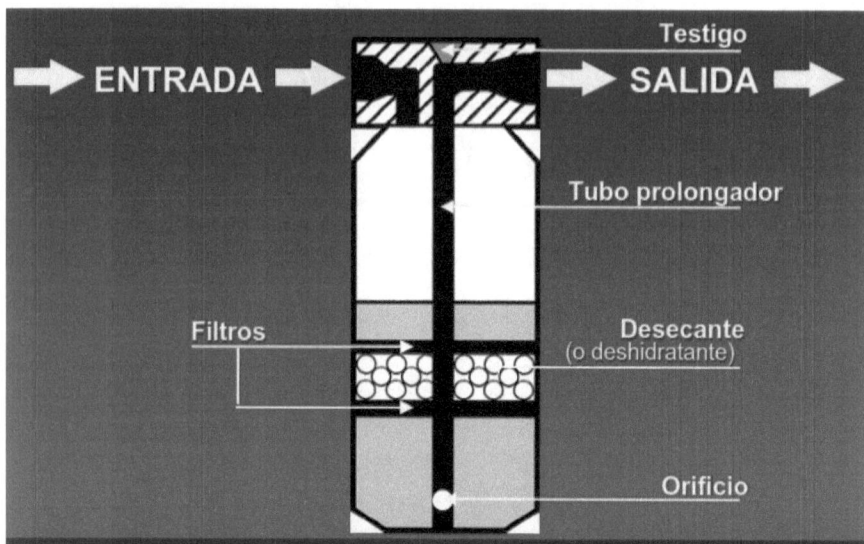

- **Funcionamiento :**

El fluido frigorífico llega al filtro en fase líquida con residuos de gas en lo alto. Pasa a través del filtro y del desecante y se acumula en el fondo.
Es aspirado por la parte inferior para no recuperar mas que líquido. La presencia de humedad en un circuito sin fugas puede deberse al mal estado de las canalizaciones flexibles

Válvula de expansión termostática

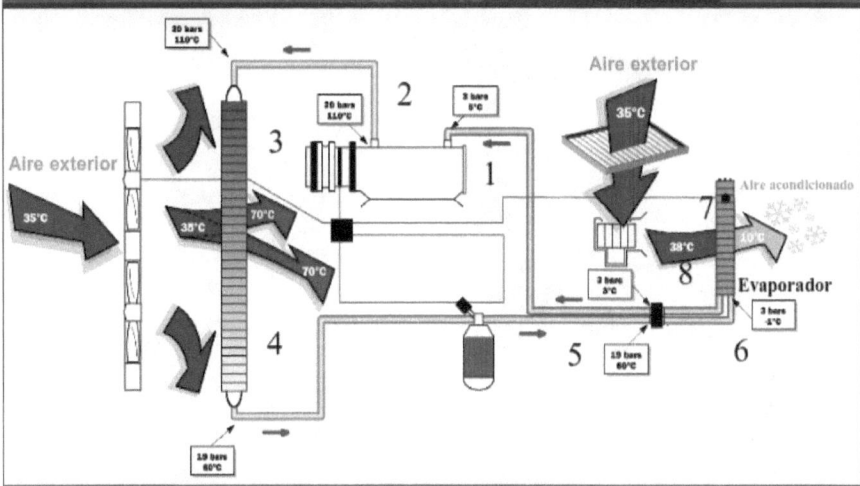

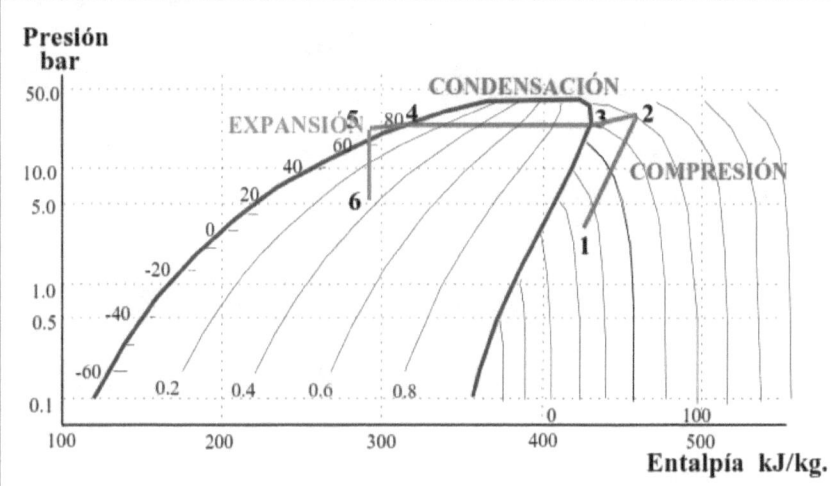

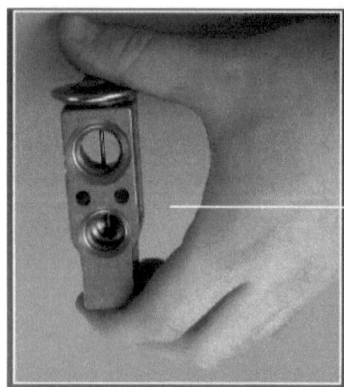

Se encuentra entre el filtro deshidratante y el evaporador. Está siempre junto al evaporador

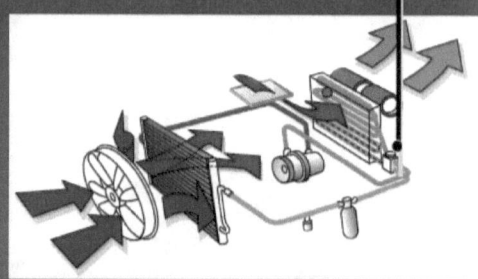

- Definición :
orificio que permite bajar la presión del fluido frigorífico y regular el caudal que entra en el evaporador.
- Funcionamiento :
La expansión se traduce en :
- una caída de alta a baja presión
- una caída de temperatura
su funcionamiento es indisociable del evaporador

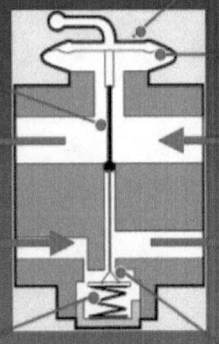

- **Cabeza termostática**
- **Membrana**
- **Varilla**
- **Hacia el compresor**
- **Gas baja presión**
- **Líquido alta presión**
- **Líquido-gas baja presión**
- **Muelle de reglaje**
- **Bola o válvula**

- Función : controlar el caudal de refrigerante para mantener un valor de recalentamiento constante
- Accionamiento : válvula de reglaje del caudal
- Captador : medida de la temperatura de recalentamiento
- Las características principales de una válvula de expansión son:
    - Su capacidad frigorífica (expresada en TON)
    - El recalentamiento que asegura (expresado en °K)

Válvula de expansión termostática tipo ángulo

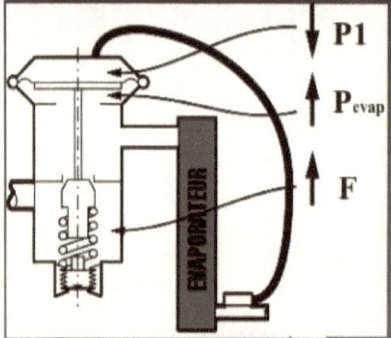

- P1 : **Presión de un fluido**
  (calculada para la aplicación)

- P_{evap} : **Presión de evaporación**

- F : **Fuerza del muelle** (reglada en fábrica)

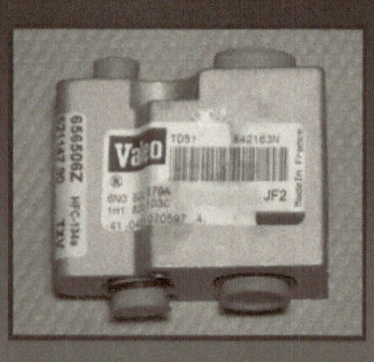

Válvula de expansión termostática tipo monobloc

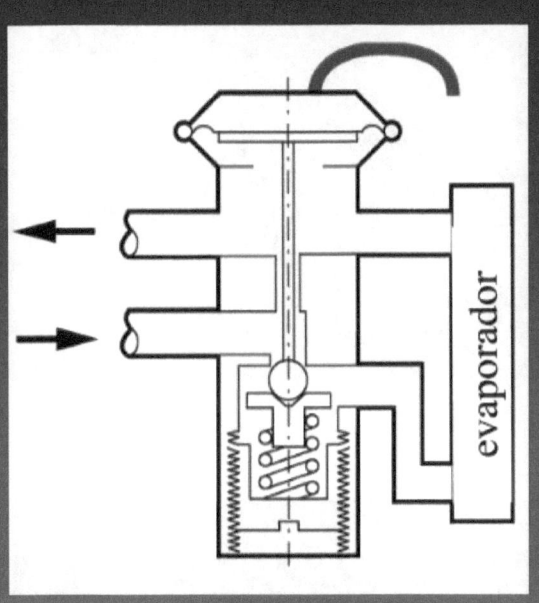

Válvula de expansión termostática
Bulbo de carga adsorbente

- Se introduce en el bulbo una sustancia adsorbente que hace variar el volumen del gas del bulbo según la temperatura

interés :
amortiguar las fluctuaciones de temperatura

Averías típicas de la válvula de expansión

- Válvula bloqueada en posición abierta
- Válvula bloqueada en posición cerrada
- Obstrucción de la válvula debido a la presencia de suciedad o hielo
- Escape del gas del bulbo (monobloc)
- Desprendimiento del bulbo (ángulo)
- Prestaciones insuficientes del circuito debido a una sustitución indebida de la válvula por un adaptable

Evaporador

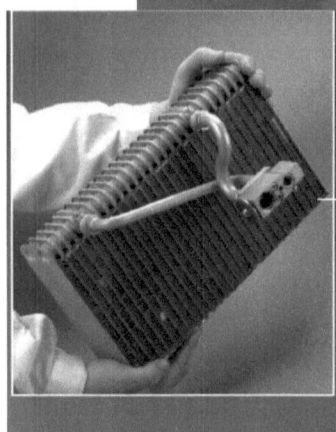

Se sitúa entre la válvula de expansión y el compresor.
En el vehículo, se sitúa en el habitáculo detrás del salpicadero.

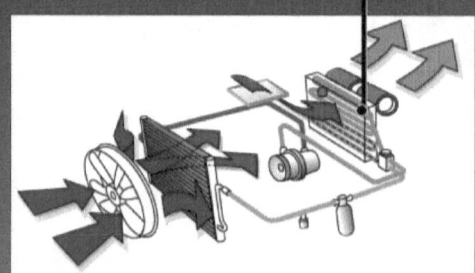

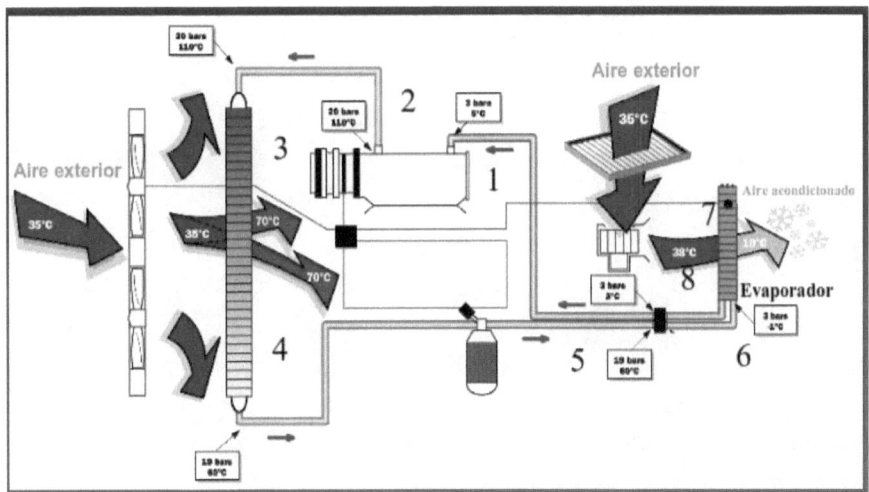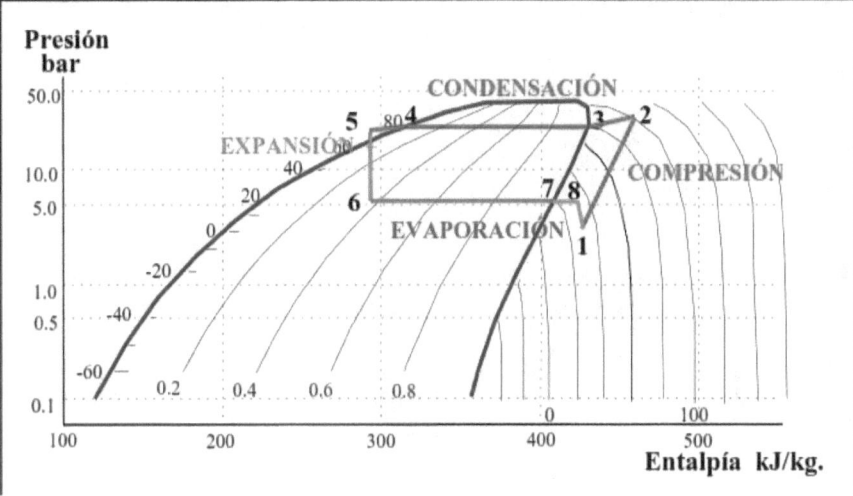

- **El evaporador es el elemento generador de frío**
  - Definición :
    El evaporador es un intercambiador térmico, que refrigera el aire que atraviesa sus aletas.
    Sus dos funciones principales son :
    - refrigerar el aire que penetra en el habitáculo
    - secar el aire (desempañado)
  - Funcionamiento :
    En el evaporador el fluido frigorífico se vaporiza, absorbiendo el calor del aire que lo atraviesa. Al enfriarse el aire, su capacidad de contener humedad desciende, por lo que se produce la condensación sobre las aletas.
    Su funcionamiento es indisociable de la válvula de expansión.

Evaporador
Estado del fluido refrigerante

Punto		Estado	P (bar)	t°C
6	Entrada	Difásico	3	-1
6 - 7	Evaporación	Difásico	3	-1
7 - 8	Recalentamiento	Gas	3	+3
8	Salida	Gas	3	+3

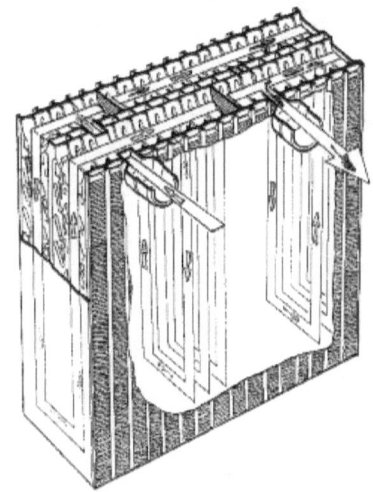

Evaporador Tubo / aleta

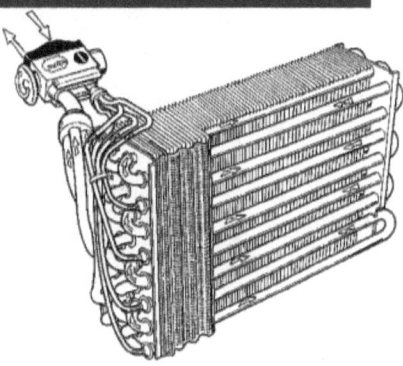

Averías típicas del evaporador

- Perforación debido a la presencia de corrosión en la superficie del evaporador
- Obturación de las aletas debido a la presencia de hielo
- Fugas en los racores de entrada y salida
- Falta de rendimiento por sustitución indebida del evaporador específico por un adaptable
- Malos olores en el habitáculo debido a la presencia de bacterias en la superficie del evaporador. Precaución a la hora de utilizar productos de limpieza inadecuados

Canalizaciones

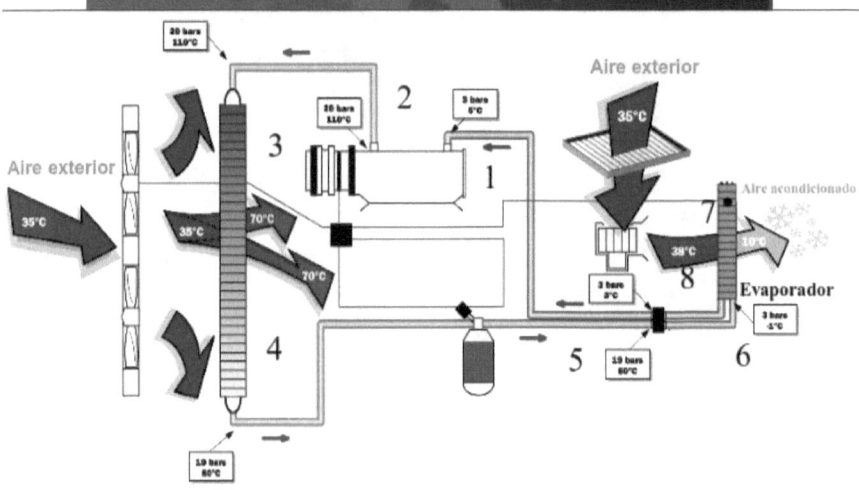

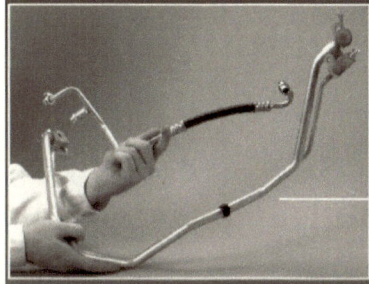

Las canalizaciones unen los diferentes componentes del circuito para que circule el fluido frigorífico.

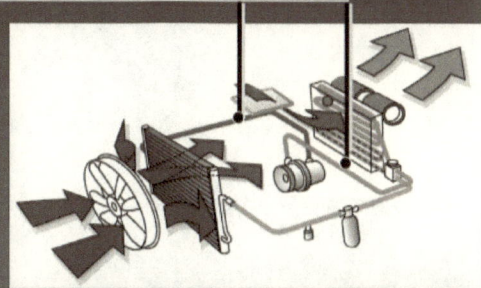

- Las canalizaciones son los elementos de conducción del fluido frigorífico y de interconexión entre los componentes del circuito.
- Constitución :
    - una parte rígida (tubo de aluminio o de acero)
    - une parte flexible (manguito de caucho)
    - racores y juntas
    - amortiguadores de ruidos (muflers): válvulas, mousses

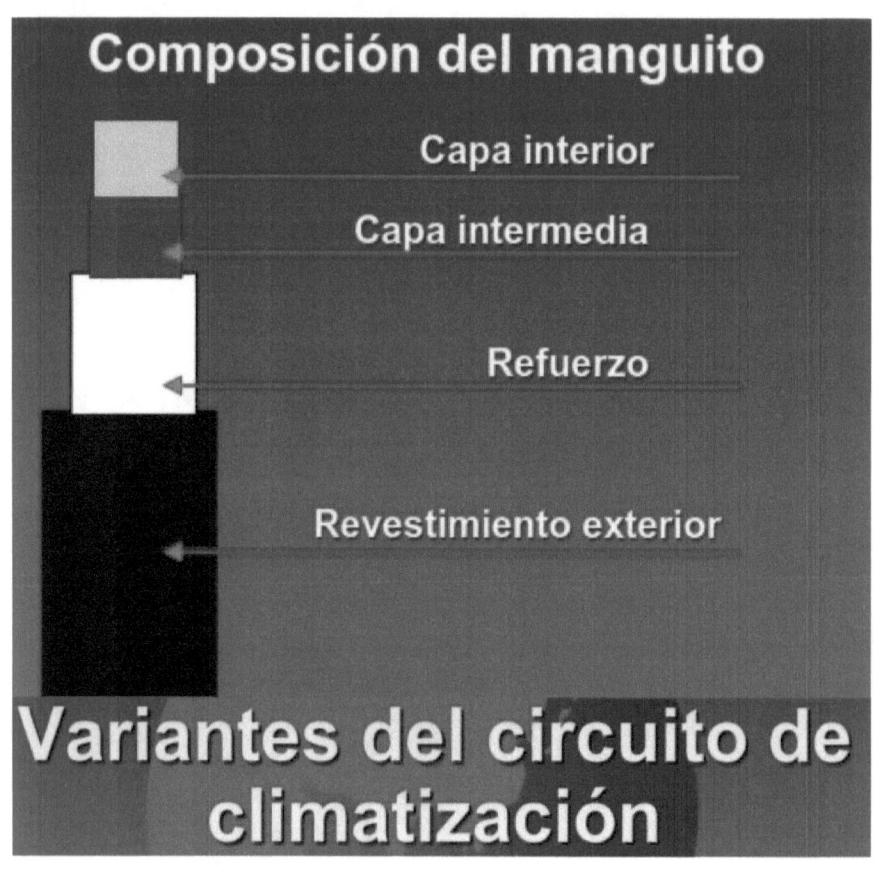

Orificio calibrado

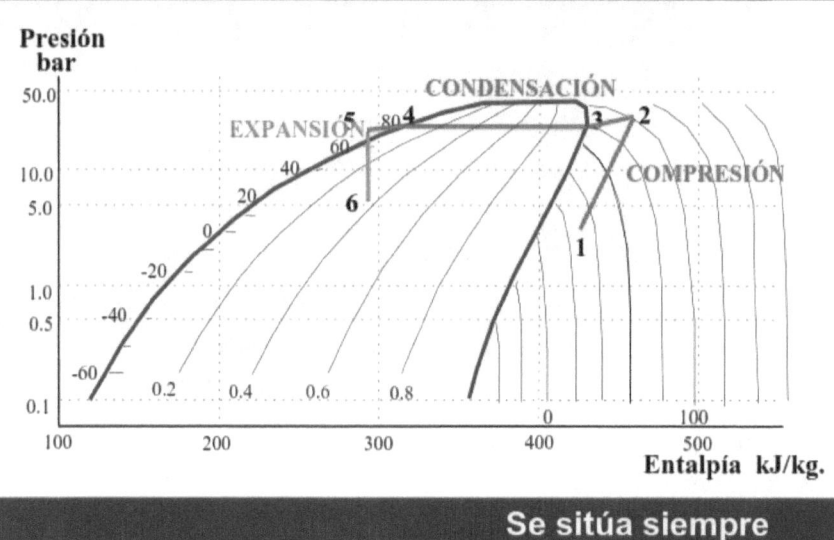

Se sitúa siempre a la entrada del evaporador

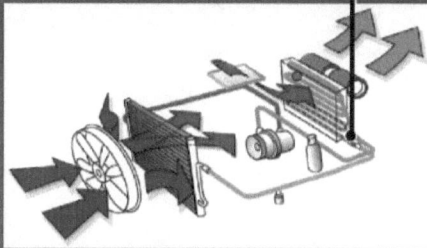

- **Definición :**
  orificio que permite la expansión del fluido frigorífico pero no permite la regulación del caudal que entra en el evaporador
- **Funcionamiento :**
  la expansión se traduce en :
  - una caída de alta a baja presión
  - una caída de temperatura
  su existencia en el circuito es indisociable del acumulador.
  Se sitúa siempre a la entrada del evaporador.

Acumulador

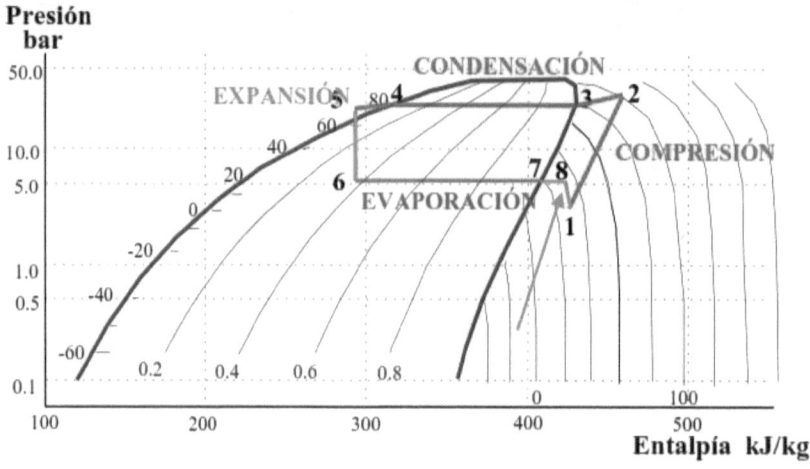

Se sitúa entre el evaporador y el compresor en el vano motor.

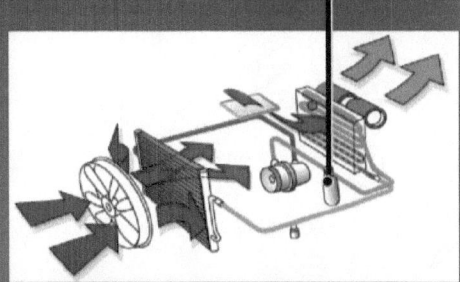

- El acumulador es un componente asociado al orificio calibrado para evitar la entrada de líquido al compresor de cilindrada variable
- Definición :
  El acumulador tiene la misma función de filtración y secado que el filtro deshidratante. Tiene la capacidad de separar el líquido y el gas para no dejar pasar mas que gas hacia el compresor.
- Consecuencias de no sustituir el acumulador:
  - El material desecante se satura de humedad, produciendo una obstrucción en el circuito, provocando una postexpansión: perdida de eficacia del circuito
  - El agua que penetra en el circuito puede reaccionar químicamente con el aceite lubricante, provocando la aparición de ácidos altamente corrosivos: deterioro del compresor y de la válvula de expansión

·TODA REPARACIÓN QUE IMPLIQUE ABRIR EL CIRCUITO OBLIGA A LA SUSTITUCIÓN DEL ACUMULADOR

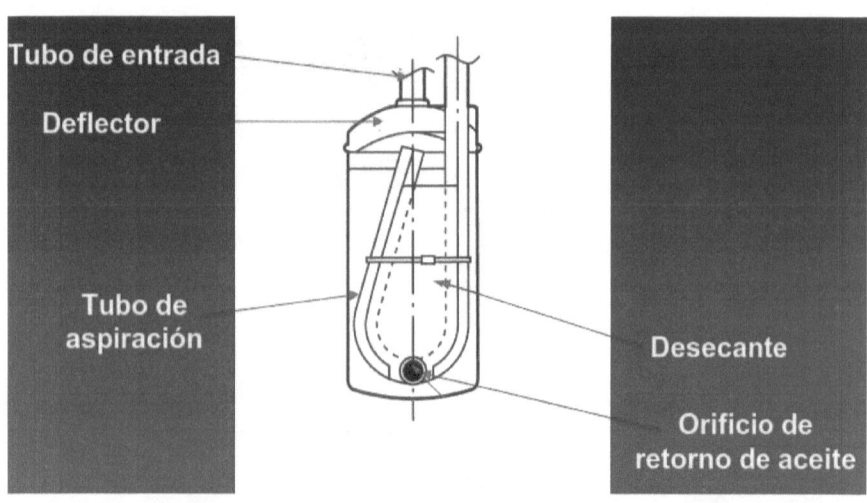

- Tubo de entrada
- Deflector
- Tubo de aspiración
- Desecante
- Orificio de retorno de aceite

Componentes secundarios del circuito de climatización

Presostato

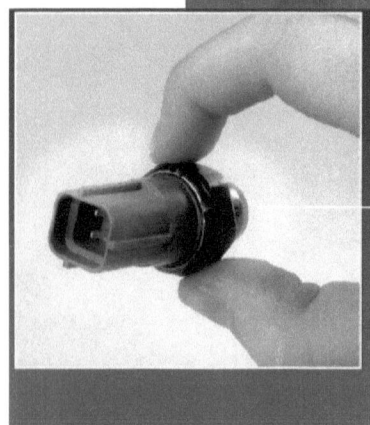

Se sitúa en la línea de alta presión entre el condensador y la válvula de expansión. En el vehículo, se sitúa en el 90% de los casos sobre el filtro deshidratante o en las canalizaciones de alta presión (HP)

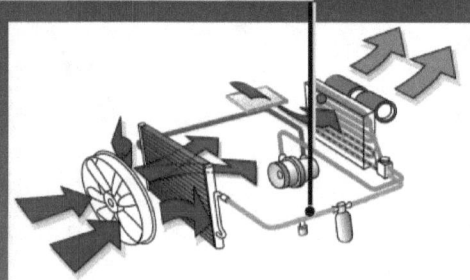

- **El presostato es el órgano de seguridad del sistema**
  - Definición :
    El presostato es un interruptor que actúa sobre la parada o puesta en marcha del compresor (función de seguridad), así como sobre la parada o la puesta en marcha de la segunda velocidad del GMV.

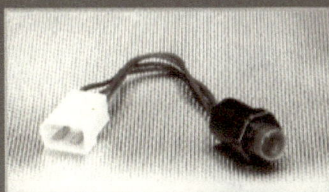

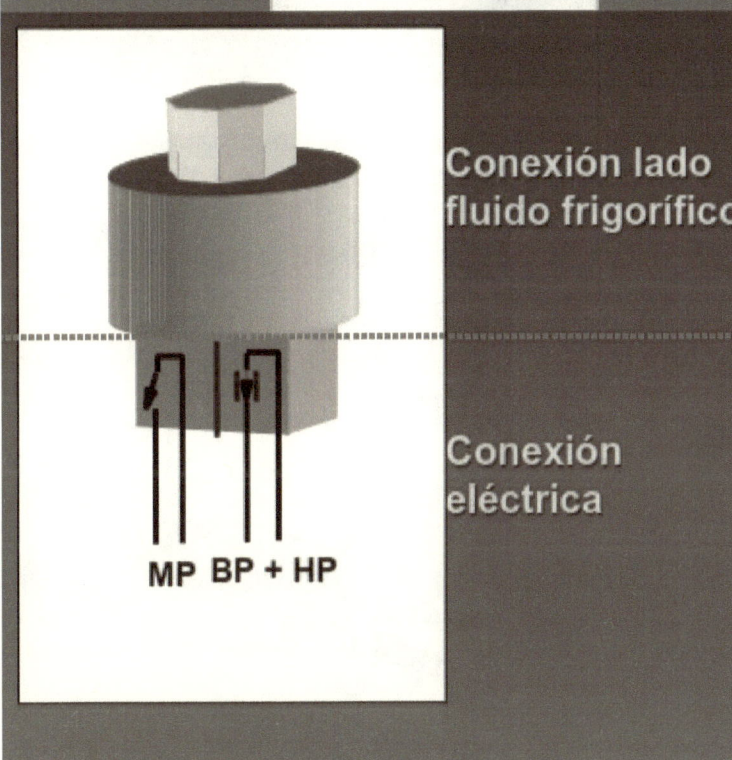

Conexión lado fluido frigorífico

Conexión eléctrica

MP BP + HP

- Funcionamiento : el presostato tiene 2 funciones principales :
  - corte por sobre-presión : a unos 27 bar, en funcionamiento
  - corte por presión excesivamente baja :
  al arrancar si la presión del circuito es inferior a 2 bar. Si la temperatura exterior es inferior a -10°C, la temperatura del fluido puede descender por debajo de este valor, por lo que la presión será inferior a 2 bar: el presostato corta por baja y la climatización no funciona

El presostato tiene una función secundaria: conectar la 2ª velocidad del GMV a unos 18 bar en funcionamiento.

Sonda de evaporador

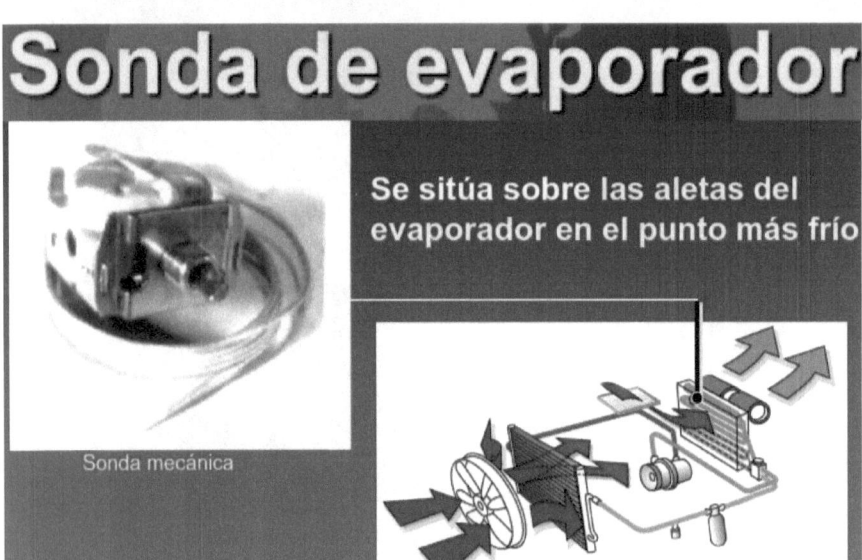

Se sitúa sobre las aletas del evaporador en el punto más frío

Sonda mecánica

- **La sonda de evaporador es un elemento de seguridad que previene la aparición de hielo en el evaporador**
  - Definición :
    Es un captador de temperatura situado en las aletas del evaporador.
    Es un interruptor que controla la parada o la puesta en marcha del compresor.
    El corte del compresor se produce generalmente cuando la temperatura alcanza -1°C y vuelve a conectarse a 4°C.

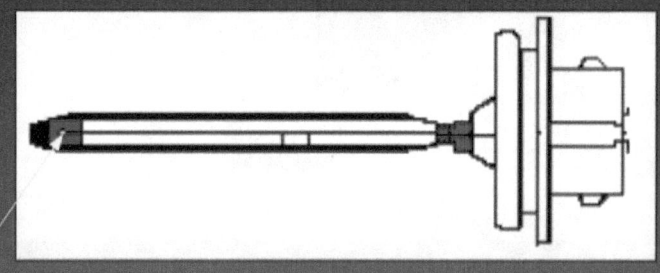

Elemento sensible

Radiador de Calefacción

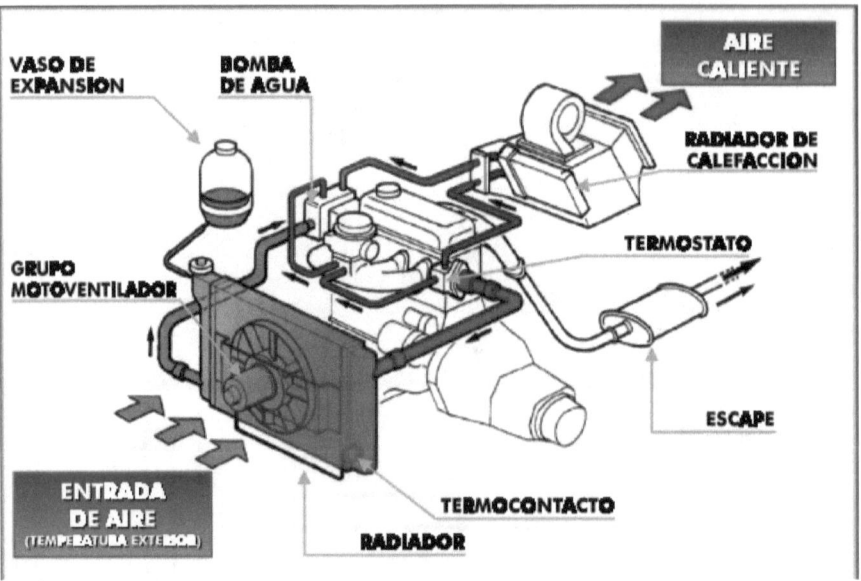

GMV / Impulsor

- El GMV / Impulsor pone en movimiento e impulsa el aire hacia el habitáculo.
- Situación:
  En el interior del bloque de climatización. Sus componentes son:
    - un motor eléctrico
    - un ventilador
    - un dispositivo de control de potencia
    - un sistema de refrigeración de la parte eléctrica de potencia.

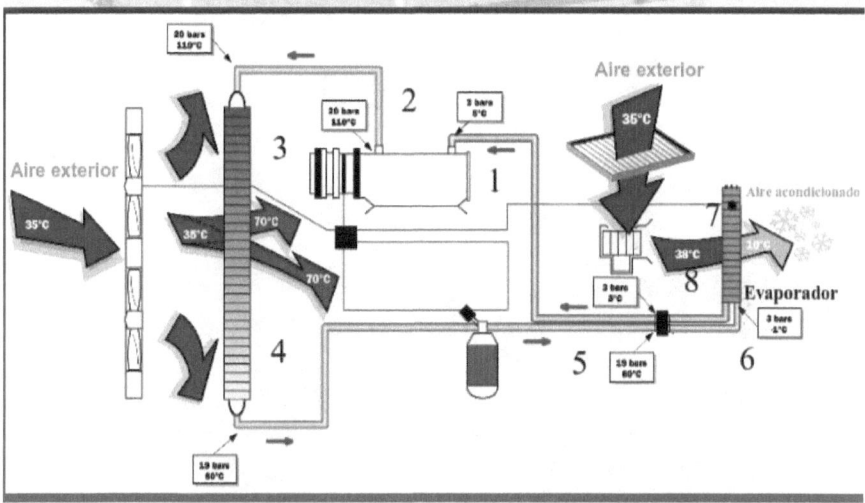

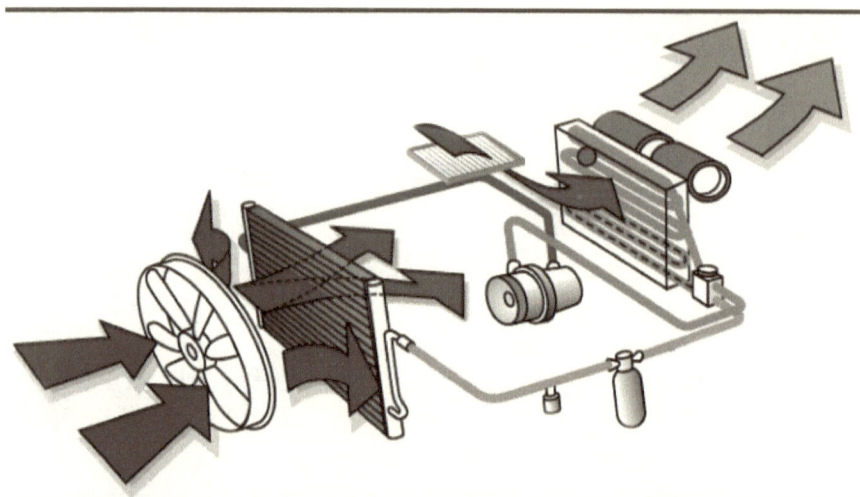

Circuito de aire en el habitáculo

Esquema de distribución e intercambio

Entrada de aire de recirculación
Filtro de habitáculo o rejilla de ventilación
Trampilla de recirculación
GMV
Filtro de habitáculo
Evaporador
Trampilla de deshelado parabrisas
Trampilla de aireación frontal
Trampilla de aireación a los pies
Trampilla de mezcla
Radiador de calefacción

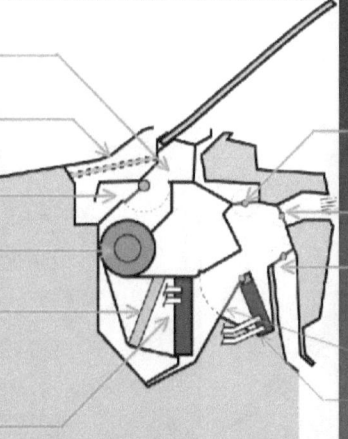

Modo Ventilación Máxima

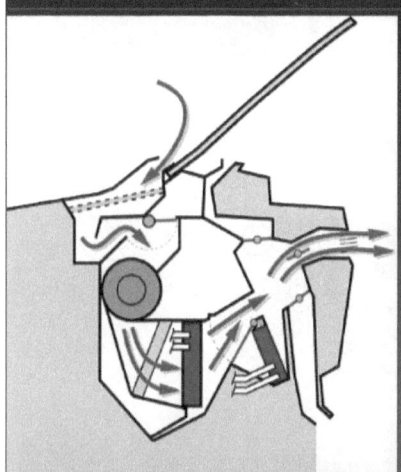

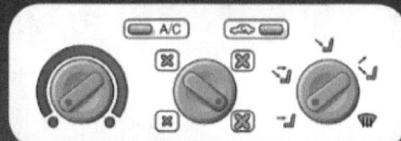

Tablero de mandos

Modo Ventilación / Recirculación
Modo Calefacción a los Pies

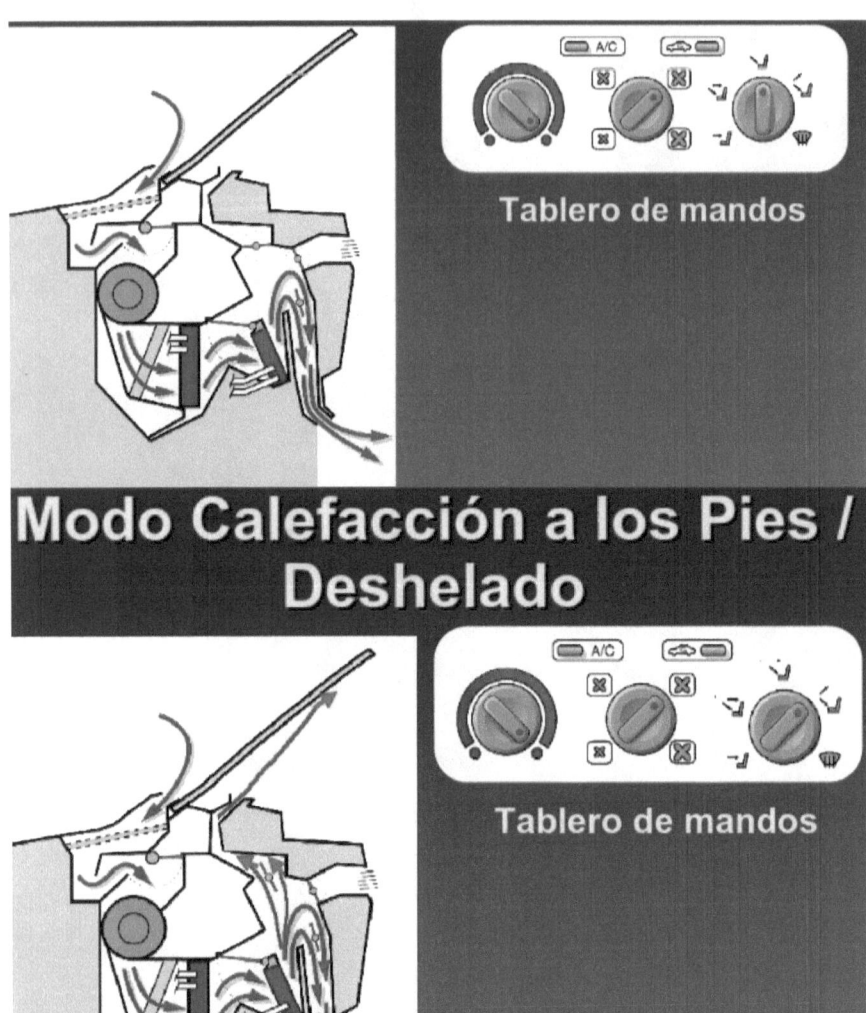

Modo Deshelado

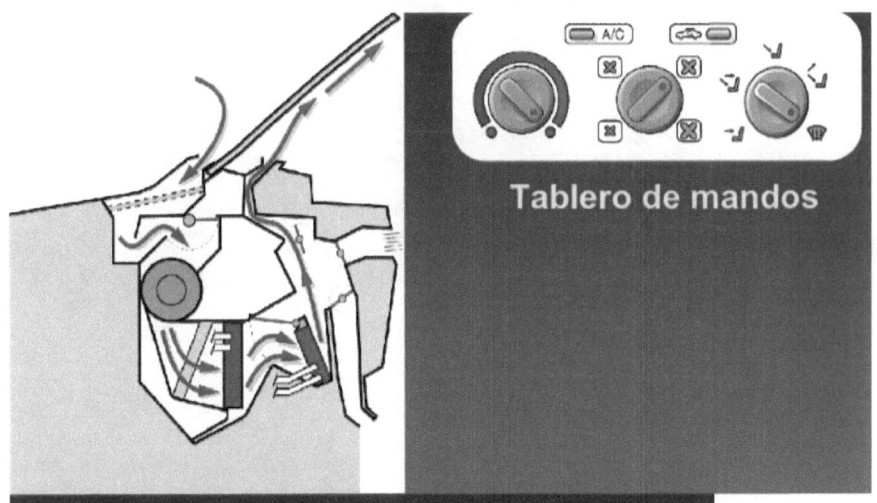

Tablero de mandos

Modo Desempañado

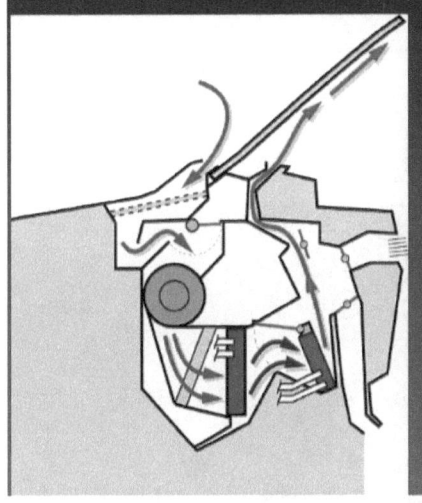

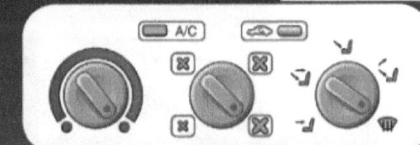

Tablero de mandos

Modo A/C

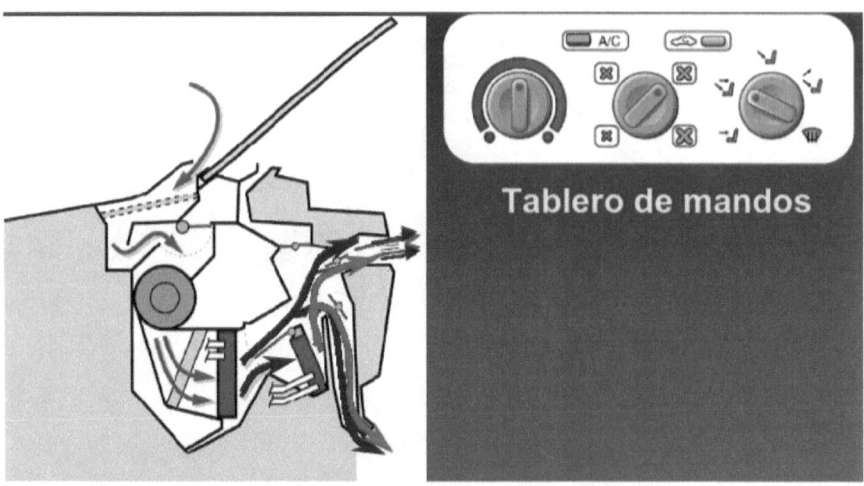

Modo Frío Máximo

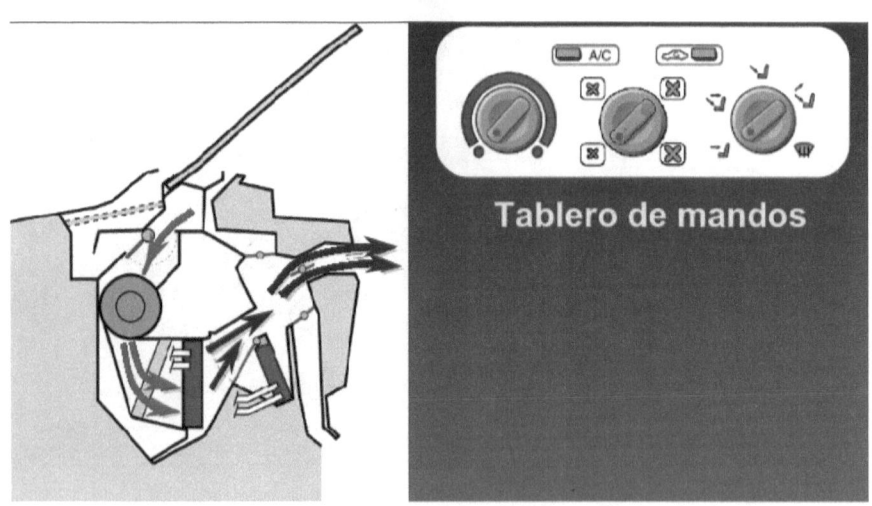

Regulación

Sistemas de mando de la climatización

2 tipos de climatización :

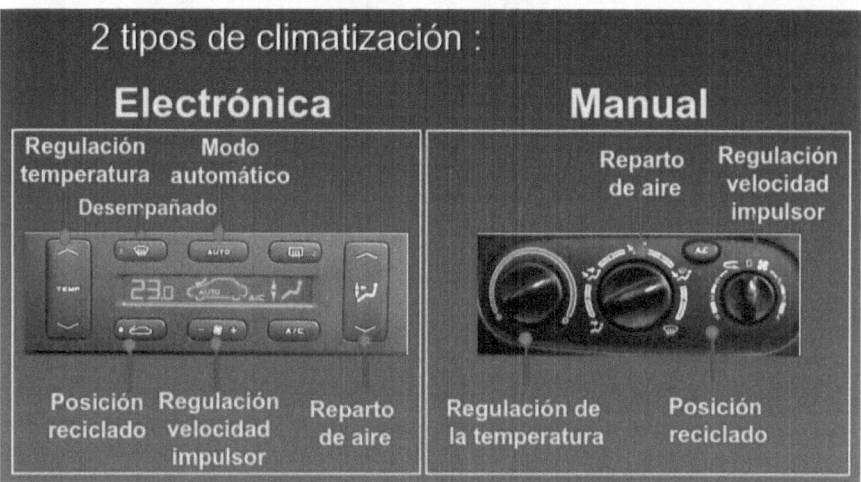

Electrónica: Regulación temperatura, Modo automático, Desempañado, Posición reciclado, Regulación velocidad impulsor, Reparto de aire

Manual: Reparto de aire, Regulación velocidad impulsor, Regulación de la temperatura, Posición reciclado

Regulación manual

- El conductor gestiona todos los parámetros

- El circuito de climatización tiene un funcionamiento intermitente

- Si la temperatura exterior varia, la temperatura deseada en el interior varia :
  el conductor interviene en los reglajes y ajustes de los parámetros

Regulación electrónica

- El calculador electrónico se encarga de la gestión total del caudal de aire y de su temperatura

- El conductor solamente interviene para predeterminar la temperatura deseada

Informaciones tomadas ➡ Calculador electrónico ➡ Acción sobre el sistema de climatización de aire

Captadores

Funciones :

Informaciones tomadas
- Temperatura exterior
- Temperatura del habitáculo
- Temperatura del evaporador
- Temperatura del aire a la salida del radiador de calefacción

Tratamiento de informaciones

Accionadores

Acciones sobre el sistema
- Mando del deflector de mezcla de aire caliente/frio
- Mando de reciclaje
- Regulación del caudal de aire
- Mando de reparto de aire en el habitáculo

Captadores

- Son termistencias de temperatura negativa (CTN)

- Su resistencia eléctrica varia en función de la temperatura : cuando la temperatura aumenta, la resistencia disminuye

- Este tipo de captadores de temperatura son muy utilizados en el sector del automóvil

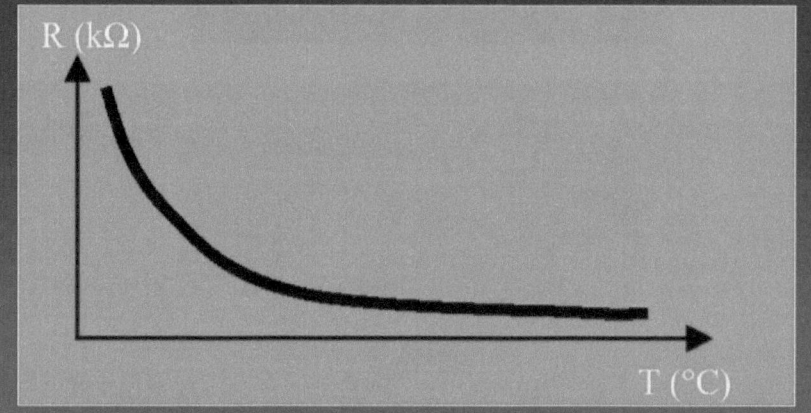

Curva de una termistencia de temperatura negativa (CTN)

- Los "CTN" informan al calculador sobre las temperaturas del aire :
  - exterior
  - a la salida del evaporador
  - a la salida del radiador de calefacción
  - en el interior del habitáculo

- NOTA : los captadores de temperatura del habitáculo están equipados de microturbinas para mover el aire y mejorar la homogeneidad de la medida.

Accionadores

- Actúan sobre los diferentes deflectores de aire del sistema de climatización.

- Existen 4 tipos de accionadores :
  1/ Manuales
  2/ Por depresión
  3/ Por motor de corriente continua
  4/ Por motor paso a paso

- **1/ manuales**
  - Se encuentran en los sistemas de climatización no regulados automáticamente
  - actúan sobre los deflectores mediante varillas o cables
- **2/ por depresión**
  - Se encuentran generalmente en los sistemas de climatización no regulados
  - funcionan mediante una bomba de vacío
  - La posición del mando actúa proporcionalmente sobre la posición de los deflectores
- **3/ motores de corriente continua**
  - Simples, de concepción económica
  - Difíciles de regular
  - Funcionamiento en par de bloqueo todo o nada (abierto o cerrado)

  - **Mando de apertura y cierre del deflector de reciclado o regulación progresiva caliente / frío.**
- **4/ motores paso a paso**
  - Simples de concepción
  - Fáciles de regular
  - Funcionamiento por intermitencia

  - **Mandan la apertura y cierre del deflector de reciclado o el reglaje progresivo caliente / frío**

Filtro de habitáculo

Se sitúa en la entrada de aire en el compartimento motor o entre el impulsor y el evaporador bajo el salpicadero.

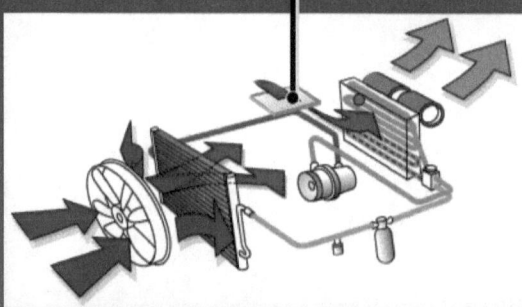

¿Por qué filtros del habitáculo?

El aire que penetra en el interior del vehículo, al concentrarse en un lugar cerrado alcanza un nivel de contaminación de 2 a 8 veces superior al registrado en el exterior.

Conscientes de este problema los Constructores de automóviles, en colaboración con sus proveedores, (VALEO), han incorporado un producto que evite estos problemas:

El filtro del habitáculo

Que retiene gran parte de los agentes contaminantes, evitando su entrada en el vehículo.

Agentes contaminantes

Los usuarios de vehículos están sometidos, a:

- Agentes infecciosos: mohos, bacterias, hongos y pequeños organismos vivientes.

- Agentes alérgicos: polen, esporas, ácaros y mohos.

- Agentes tóxicos de tipo gaseoso y partículas: restos de neumáticos, amianto, metales pesados, hollín, polvo...

Riesgos para la salud

- Grupos de población más sensibles

-Alergias: 30% de la población
-Asma: 10% de la población
-Problemas respiratorios: 10/15% de la población

- Resto de la población

Estornudos, lagrimeos, dolor de cabeza, dificultad de respiración.
Las consecuencias a largo plazo pueden evolucionar en reacciones cancerígenas.

Características del filtro del habitáculo

Los Filtros del Habitáculo VALEO, desarrollados con una tecnología patentada, presentan las siguientes particularidades:

- Elemento filtrante de polipropileno que permite filtración mecánica y por carga electrostática.

- Fibras de sección rectangular que proporcionan mayor densidad de campo (más atracción de partículas)

- Máxima capacidad de retención de polvo, en profundidad, y mínima pérdida de caudal de aire

- Los Filtros del Habitáculo Valeo, al tener fibras de naturaleza hidrófuga, evitan el desarrollo bacteriano, lo que elimina el riesgo de formación de gérmenes, bacterias y mohos.

- La fibra de polipropileno es resistente a agentes químicos, tales como lavaparabrisas, champús de lavado de carrocerías, ceras y la sal para el deshelado de las carreteras.

- Almacenamiento prolongado sin pérdida de cualidades.

¿cuándo cambiar el filtro del habitáculo?

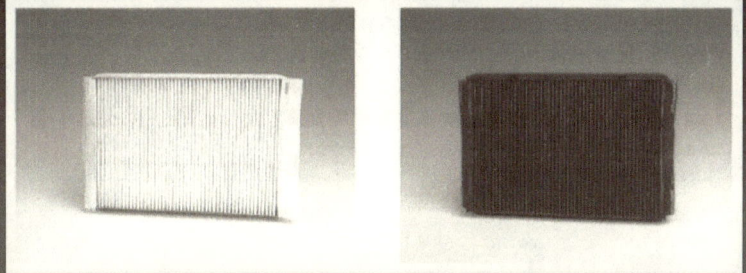

Filtro de habitáculo nuevo   Filtro de habitáculo saturado

•¿POR QUÉ SUSTITUIR EL FILTRO DE HABITÁCULO?
Cuando el filtro de habitáculo se satura, impide el paso del aire en el habitáculo produciendo:
- Mala ventilación
- Mal desempañado
- Mala visibilidad
- Disfunciones de la climatización

La sustitución del filtro del habitáculo produce una mejora apreciable e inmediata .

Filtro de habitáculo saturado
=> mal desempañado
=> PELIGRO !

Filtro de habitáculo sustituido
=> desempañado correcto
=> SEGURIDAD !

Útiles de diagnóstico

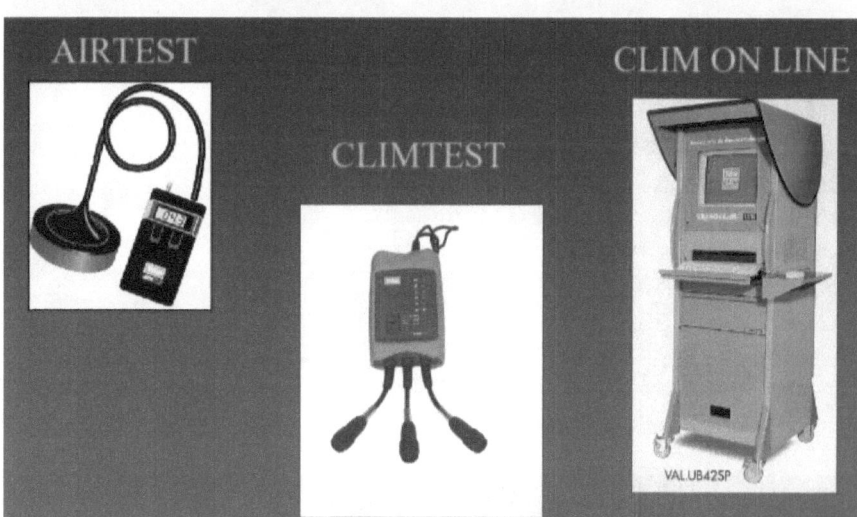

AIRTEST

CLIMTEST

CLIM ON LINE

VAL.UB42SP

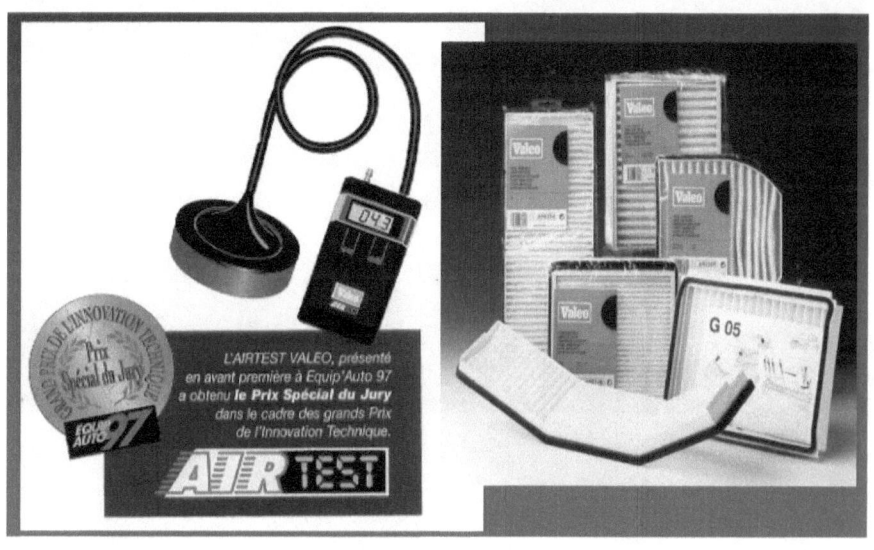

L'AIRTEST VALEO, présenté en avant première à Equip'Auto 97 a obtenu **le Prix Spécial du Jury** dans le cadre des grands Prix de l'Innovation Technique.

1. comprobar que el vehículo sometido a revisión está catalogado en la tabla de interpretación de medidas.
2. sentarse en el asiento del conductor; abrir el difusor de aire que se indica en la tabla, (según vehículo), y cerrar el resto de difusores frontales.

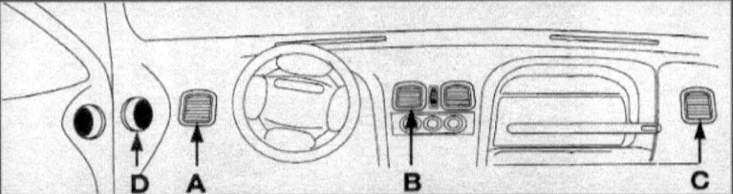

3. conectar el tubo con el captador de caudal en el racor **+**
4. pulsar el botón "**on**" para poner en marcha el aparato. el indicador se pone automáticamente a cero, (+/- 0,2).

5. Poner el motor en marcha.
6. Seleccionar salida de aire frontal. Poner el mando de calefacción al mínimo, no conectar la entrada de aire reciclado, ni el aire acondicionado y poner el mando de ventilación al máximo

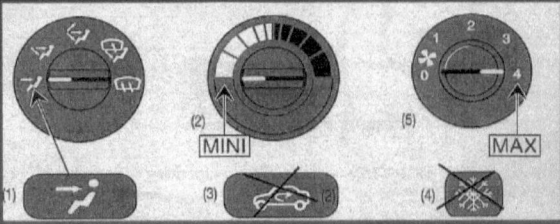

7. Estando caliente el motor, estabilizar el régimen del motor a 1500 r.p.m.
8. Aplicar el captador en el difusor seleccionado.

9. Presionando fuertemente el canalizador en el difusor, anotar el valor que marca el indicador.
10. Entrar en la Tabla con el valor obtenido correspondiente al vehículo que estamos diagnosticando.
11. Interpretar el código de color:
    . ROJO: filtro saturado, sustitución inmediata.
    . **ÁMBAR**: filtro parcialmente saturado, aconsejar sustitución.
    .**VERDE**: filtro correcto.
12. Sustituir el filtro usado por filtro VALEO nuevo, siguiendo las instrucciones de montaje que acompañan cada filtro.
13. Comprobar el valor con el filtro nuevo ya instalado. Dicho valor debe situarse en la zona VERDE.

- Seguir **EXACTAMENTE** las instrucciones de utilización
- No obstruir los racores + y – al poner en marcha el aparato
- Comprobar que el Airtest está a cero a la hora de realizar la medición
- En caso de filtro OK, hay que tener en cuenta que no existe una graduación de filtro en buen estado. El hecho de que con 8.3 por ejemplo el resultado este en la zona verde pero cercano a la zona naranja no indica que en breve vaya a estar saturado. Aunque la escala llegue hasta el 12, esto es solo para dar un aspecto de homogeneidad al ábaco.
- En caso de notar presencia de polvo a pesar de que el resultado del Airtest es de filtro OK, comprobar si el filtro está puesto o si está perforado
- Bajo ningún concepto se debe soplar en el canalizador, ya que el Airtest se descalibra

- **VENTAJAS PARA EL REPARADOR :**
  - Diagnóstico sin abrir el capot, desde el interior del vehículo.
  - Ganancia de tiempo : no es necesario el desmontaje para verificar el estado del filtro de habitáculo.
  - Utilización simple, rápida y fiable.
  - Medida inmediata del nivel de saturación del filtro de habitáculo.
  - Prueba objetiva para el cliente.
  - Sustitución del filtro únicamente si es necesario.

- **DIAGNÓSTICO DEL CIRCUITO DE AIRE :**
Si después de la sustitución del filtro de habitáculo el valor indicado por el Airtest se mantiene en la zona roja, será necesario realizar un diagnóstico del circuito de aire verificar :
  - el funcionamiento del impulsor,
  - la conexión de los conductos de aire,
  - los accionadores de los deflectores,
  - el tablero de mandos,
  - los fusibles y los relés,
  - ...

Diagnóstico de la climatización

Las presiones se leen en 2 *manómetros*:

- alta presión (HP) para la condensación

- baja presión (BP) para la evaporación

La temperatura de un fluido se mide mediante:

- termómetro de contacto

Subenfriamiento

El subenfriamiento de un fluido es uno de los valores fundamentales de la climatización

EL SUBENFRIAMIENTO

Es la diferencia entre la temperatura de condensación (indicada en el manómetro) y temperatura del fluido a la salida del condensador.

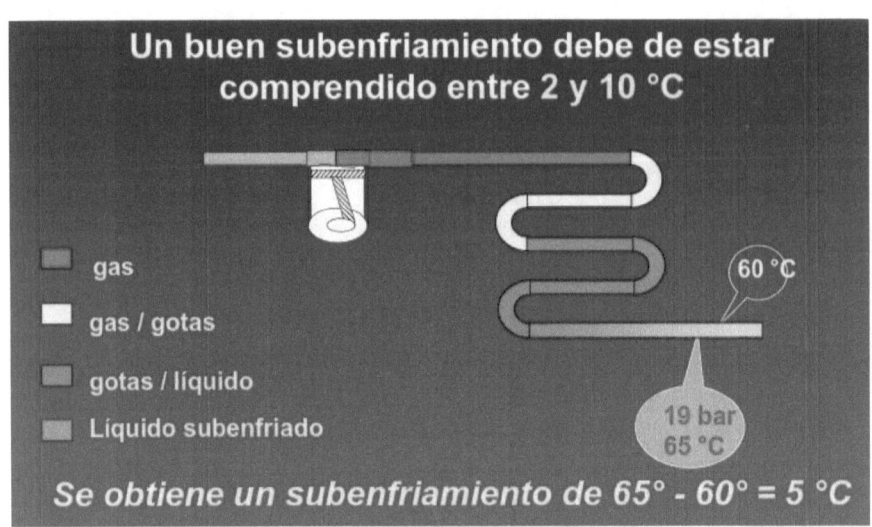

Subenfriamiento débil

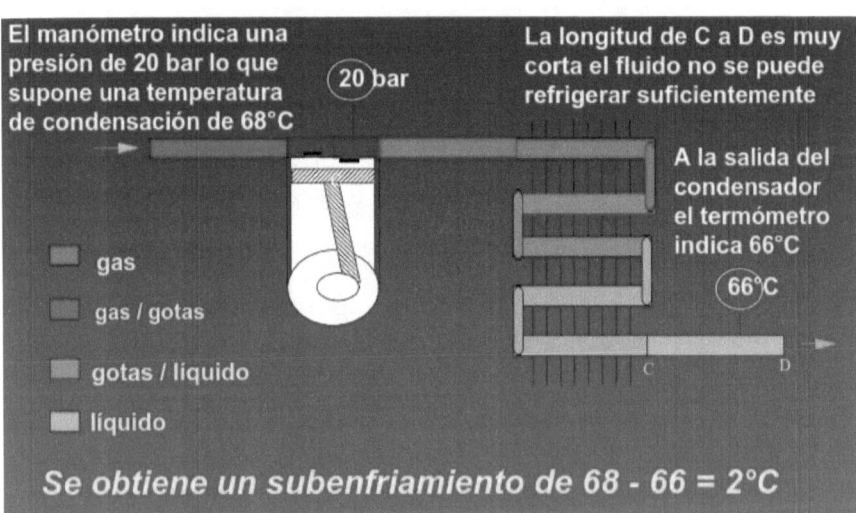

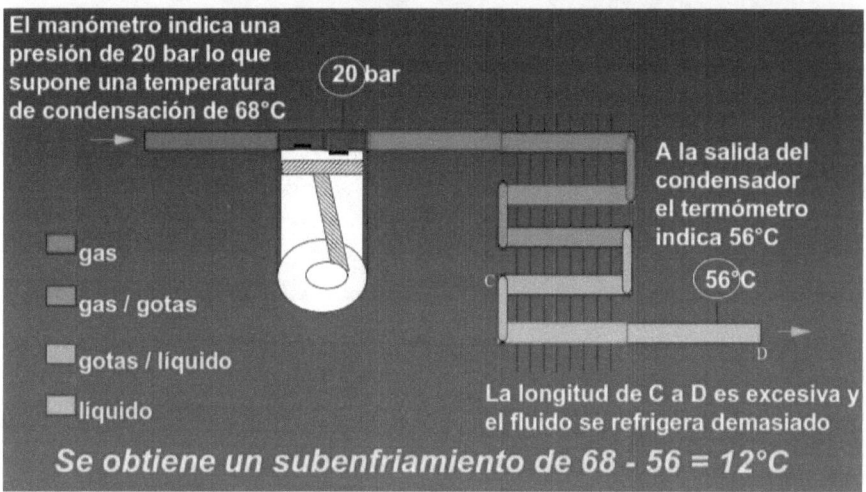

Un Subenfriamiento demasiado pequeño (inferior a 2°c) indica una

FALTA DE FLUIDO en el condensador

Un Subenfriamiento demasiado alto (superior a 10°c) indica un

EXCESO DE FLUIDO en el condensador

Recalentamiento

El recalentamiento del fluido es uno de los valores fundamentales de la climatización

El Recalentamiento

es la diferencia entre la temperatura del fluido a la salida del evaporador y la temperatura de evaporación (leida en el manómetro)

El Recalentamiento nos da idea de la cantidad de gas que hay en el circuito.

Un buen recalentamiento debe de estar comprendido entre 2 y 10 °C

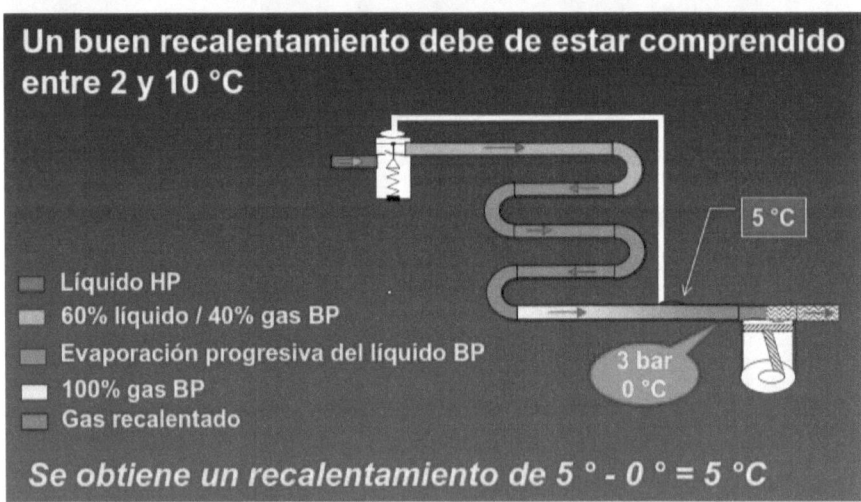

- Líquido HP
- 60% líquido / 40% gas BP
- Evaporación progresiva del líquido BP
- 100% gas BP
- Gas recalentado

Se obtiene un recalentamiento de 5 ° - 0 ° = 5 °C

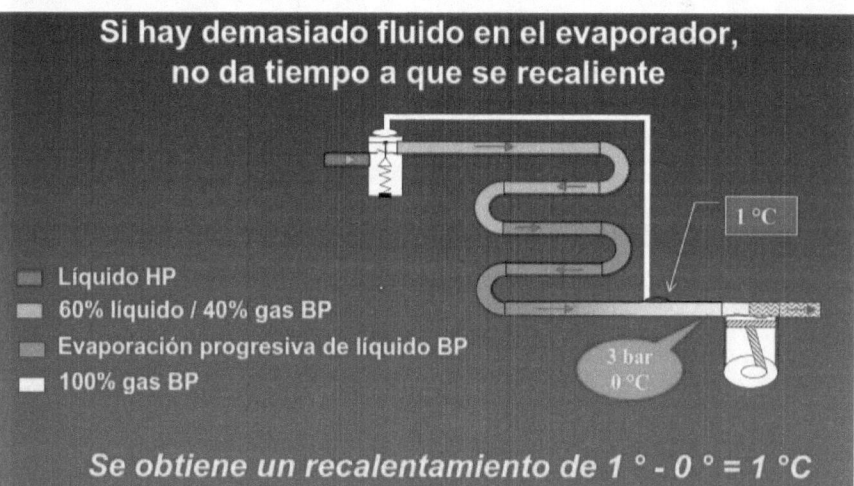

Si el fluido se recalienta en exceso significa falta de fluido en el evaporador

- Líquido HP
- 60% líquido / 40% gas BP
- Evaporación progresiva de líquido BP
- 100% gas BP
- Gas recalentado

Se obtiene un recalentamiento de 14 ° - 0 ° = 14 °C

Si hay demasiado fluido en el evaporador, no da tiempo a que se recaliente

- Líquido HP
- 60% líquido / 40% gas BP
- Evaporación progresiva de líquido BP
- 100% gas BP

Se obtiene un recalentamiento de 1 ° - 0 ° = 1 °C

Un Recalentamiento demasiado pequeño (inferior a 2°c) indica un:

EXCESO DE FLUIDO en el evaporador

Un Recalentamiento demasiado alto (superior a 10°c) indica:

FALTA DE FLUIDO en el evaporador

Válvula de expansión termostática

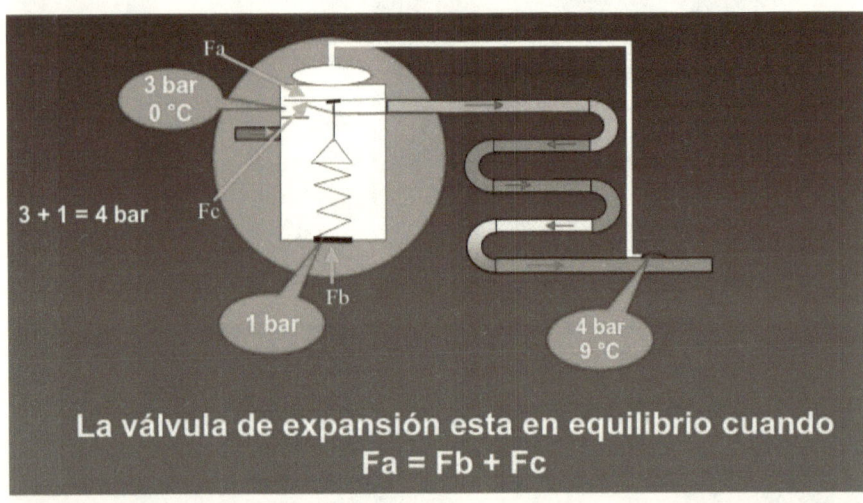

La válvula de expansión esta en equilibrio cuando
Fa = Fb + Fc

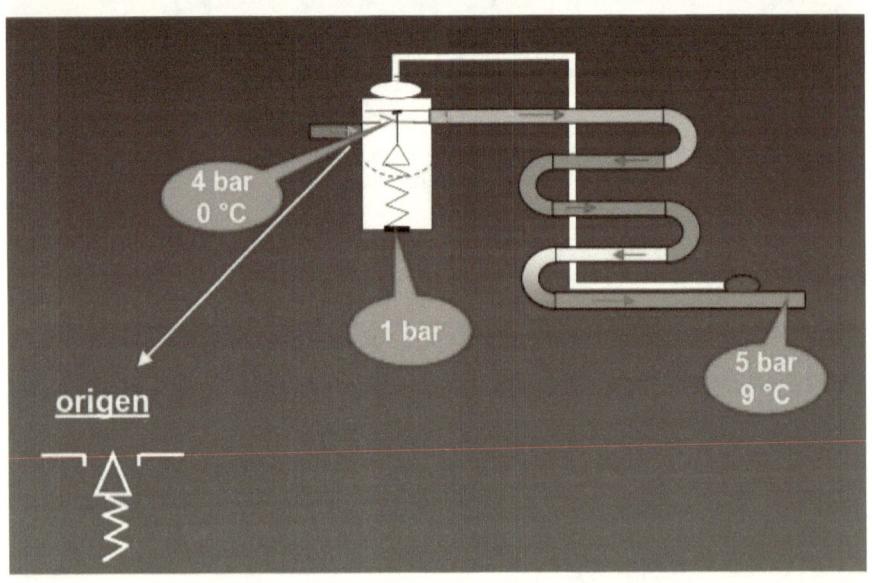

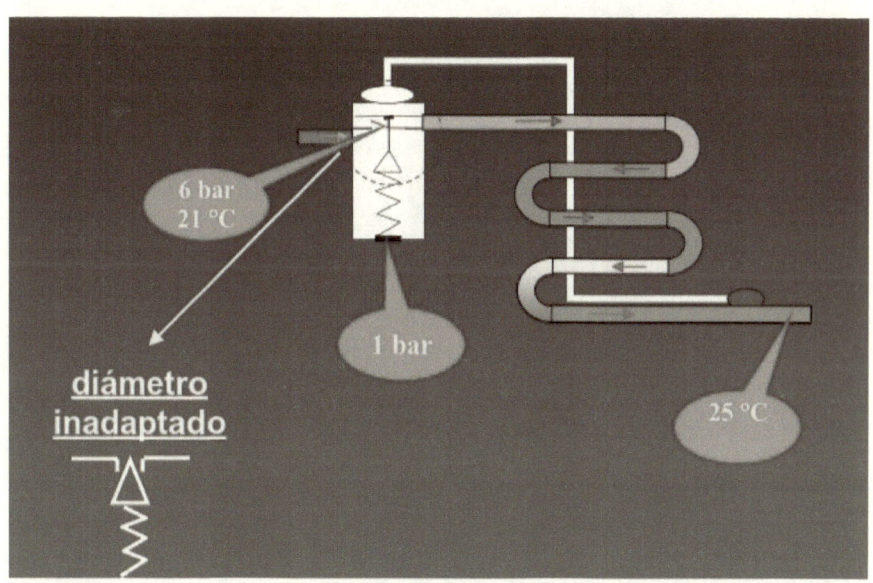

diámetro inadaptado

En el ejemplo anterior, el estrangulamiento de la expansión ha cambiado de diámetro:
- el caudal es demasiado pequeño
- la presión aumenta
- la temperatura de evaporación es demasiado elevada

Las 2 válvulas (del mismo tipo) se parecen

Pero el segundo esta inadaptado por lo que no se debe de emplear

No se debe de confundir la avería producida por una válvula de expansión adaptable, con una falta de fluido frigorífico

- **Choques**

Todo choque mecánico sobre la válvula de expansión puede hacer variar estas características.

- **Capilar**

El capilar situado sobre la cabeza termostática de algunas válvulas está soldado a sus dos extremidades. Toda torsión puede crear una fuga de la carga termostática y provocar que el detector no sea funcional

- **Tornillo de reglaje**

El tornillo de tarado situado bajo algunas válvulas de expansión esta regulado específicamente por el fabricante en fábrica bajo condiciones muy precisas. Todo atornillado/desatornillado provoca una variación de sus características. Jamás se debe regular una válvula de expansión

- **Presiones**

No someter a la válvula de expansión a una presión interna superior a 15 bar. Toda presión superior a este límite provoca una deformación irreversible de la membrana y una variación de las características de la válvula de expansión que hacen que no sea funcional

- **Limpieza interna**

La presencia de partículas de tamaño superior a 50 micras tiene el riesgo de bloquear la válvula y hacer que este no sea funcional. Las partículas pueden ser impurezas introducidas en el circuito después de una intervención. Pueden ser además tapones de hielo que se forman debido a la presencia de humedad en el circuito a causa de un filtro deshidratante saturado. Siempre hay que taponar el circuito después de una intervención. Hay que cambiar el filtro deshidratante cada dos años como mínimo

Pre - expansión

Si el filtro deshidratante está saturado, opone una resistencia al paso del líquido.
La caída de presión debida al saturado equivale a una expansión producida en la válvula de expansión. Esto se denomina pre-expansión

Ciertos filtros deshidratantes incorporan un testigo.
Si aparecen burbujas, significa que el fluido es difásico,
- falta fluido
- o el filtro está saturado

Se puede detectar fácilmente la avería de la preexpansión. Solamente hay que apreciarla diferencia de temperatura midiendola a la entrada y a la salida del filtro deshidratante mediante un termómetro con dos sondas de contacto

Esta técnica es bastante precisa para apreciar diferencias de temperatura

En un circuito de climatización, el aire contenido en el circuito es incondensable y su presencia se debe a que se ha efectuado mal el vacío.

<u>Diagnóstico rápido</u> :

BP demasiado alta , HP demasiado alta , pero subenfriamiento dentro de los valores correctos:

La consecuencia es aire soplado hacia el habitáculo a temperatura elevada

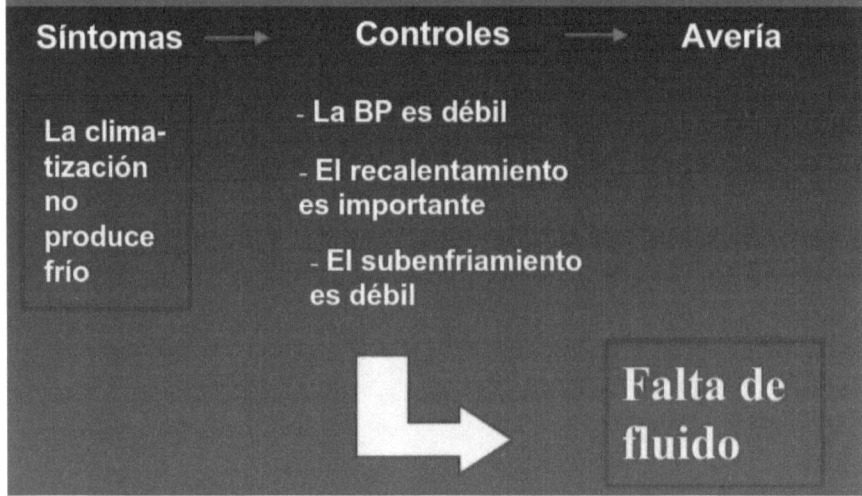

Síntomas →	Controles →	Avería
La climatización no produce frío	- La BP es débil - El recalentamiento es importante - El subenfriamiento es débil	**Falta de fluido**

Síntomas	Controles	Avería
La climatización no produce frío	- El recalentamiento es débil - La HP es importante - El subenfriamiento es importante	**Exceso de fluido**

Síntomas	Controles	Avería
La climatización no produce frío	- El recalentamiento es normal - El subenfriamiento es importante - Hay una diferencia de temperatura en la línea de líquido	**Filtro saturado**

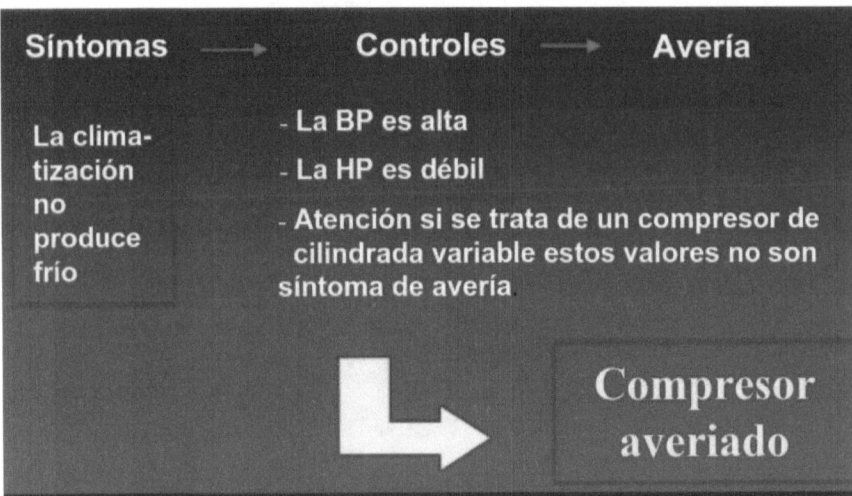

Este diagnóstico se basa en la medida de dos presiones (H.P. y B.P.), dos temperaturas del circuito de aire acondicionado (Entrada a la válvula de expansión, aspiración del compresor), la temperatura del aire ambiente y la temperatura del aire a la salida de los difusores de aire.

● La medida de la H.P. Y de la temperatura de entrada a la válvula de expansión permite calcular el subenfriamiento.
● La medida de la B.P. Y la temperatura de aspiración del compresor, permite calcular el recalentamiento.

Estos dos valores deben de estar comprendidos entre 2° y 10° para cualquier circuito de climatización, para que su funcionamiento sea óptimo.

La evolución de estos parámetros en función de la carga (masa de fluido frigorífico) se representa a continuación:

Evolución del SR y del SC en función de la carga de fluido frigorífico:

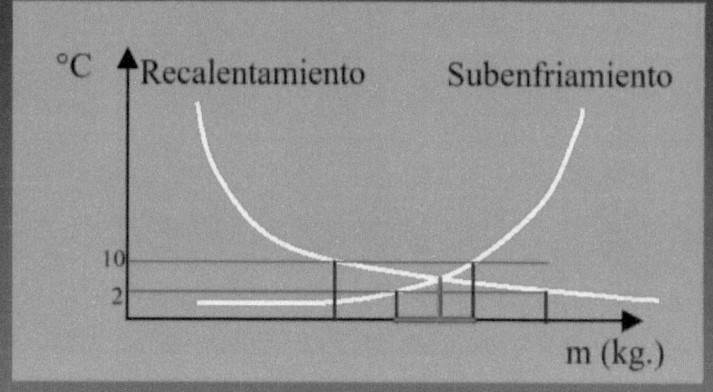

Un valor muy bajo o muy alto implica falta o exceso de fluido frigorífico y en consecuencia un mal funcionamiento del circuito.

- ◆ Un subenfriamiento bajo o nulo y/o un recalentamiento alto unido a una temperatura del aire soplado (función de la temperatura ambiente) muy elevada, implica falta de fluido
- ◆ Un recalentamiento bajo o nulo y/o un subenfriamiento alto, implica un exceso de fluido
- ◆ Un recalentamiento normal y un subenfriamiento alto unido a una temperatura del aire soplado muy elevada implica un filtro deshidratante saturado.

La medida de la temperatura del aire soplado en los difusores de aire (que es función de la temperatura ambiente) proporciona una indicación del nivel de prestaciones del circuito.

Un valor de temperatura del aire soplado tal que :
$2 < T_{as} < 10$ °C para una temperatura ambiente entre 15 y 25 ° C indica un buen funcionamiento del circuito.

Por encima o por debajo de esos valores habrá un mal funcionamiento.

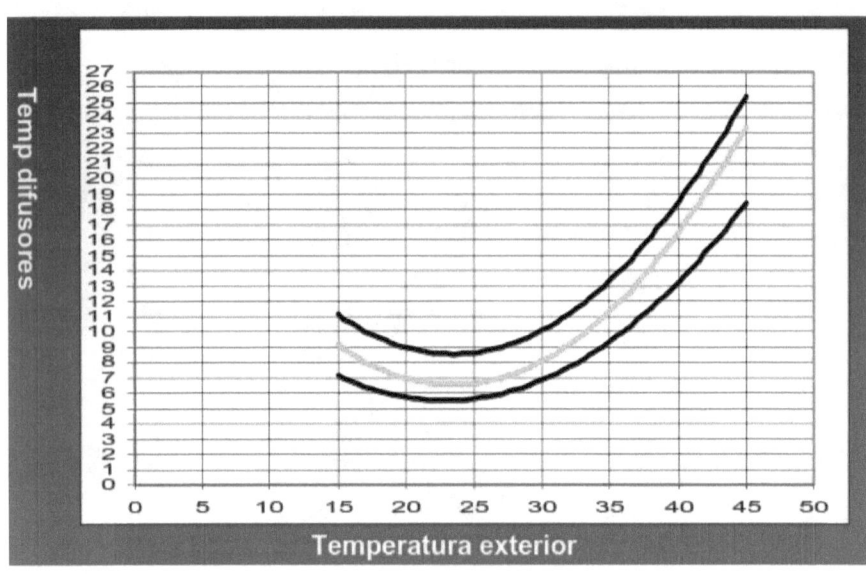

Este aparato no es solamente un equipo para diagnosticar una avería de un componente del circuito sino también un instrumento de diagnóstico, mantenimiento preventivo y de test.

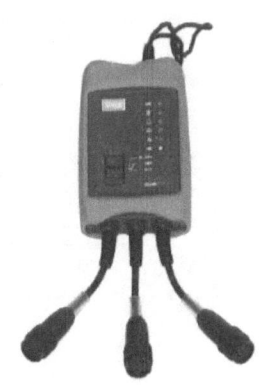

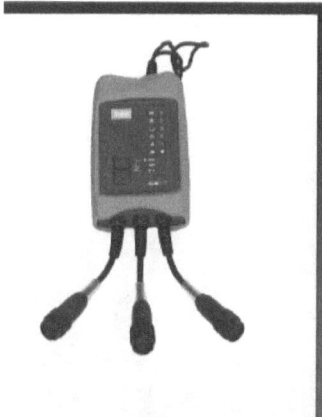

- Conectar-Apagar
- Seleccionar fluido: R-12/R134a
- OK
- Falta fluido frigorífico
- Exceso de fluido en circuito
- Filtro Deshidratante saturado
- Problema en circuito
- Error. Revise conexiones.

- Utilización no recomendable si la temperatura exterior <16ºC: el compresor corta o se pone en cilindrada mínima demasiado rápido impidiendo que se establezca un diagnóstico correcto
- Ciertas precauciones a tomar en vehículos con climatizador automático (Audi, VW)

- Ciertos vehículos nuevos pueden presentar falta o exceso de fluido o incluso filtro deshidratante saturado
- El Climtest calcula la media de 100 mediciones cada 20 s, para cada una de las seis magnitudes controladas =>Dispositivo sensible a las oscilaciones del circuito
- Aunque la climatización funcione aparentemente bien, puede presentarse mas adelante un problema serio.
- SEGUIR ESCRUPULOSAMENTE LAS INSTRUCCIONES DE USO: un error de un grado en una medición puede arrojar un diagnóstico erróneo

- Un circuito en el que falta fluido indica la existencia de una fuga.
  - **Efectuar siempre una búsqueda de la fuga antes de volver a cargar el circuito.**
- Los aceites minerales y los sintéticos son incompatibles.
  - **Verificar siempre la conformidad del aceite que se va a añadir al circuito.**

- Una falta o exceso de fluido en el circuito producirá disfunciones en el circuito A/C.
  - Poner siempre la carga exacta recomendada.

- Un filtro de habitáculo saturado supone una disminución de las prestaciones de la climatización.
- El filtro deshidratante protege al circuito de eventuales penetraciones de humedad.
  - Cambiar el filtro regularmente (cada 2 años) y cada vez que se abre el circuito.
  - No serán admitidas las garantías de compresores en los casos en los que no se disponga de un certificado de cambio de filtro deshidratante

fin

www.ingramcontent.com/pod-product-compliance
Lightning Source LLC
Chambersburg PA
CBHW030905180526
45163CB00004B/1711